Falk Würfele · Alexander Muchowski

Das neue Bauvertragsrecht nach BGB kompakt

Baurecht für Architekten und Ingenieure nach neuem Recht

Springer Vieweg

Falk Würfele
Rechtsanwalt in Düsseldorf
Honorarprofessor an der
Universität Siegen
Düsseldorf
Deutschland

Alexander Muchowski
Dortmund
Deutschland

ISBN 978-3-658-21554-5 ISBN 978-3-658-21555-2 (eBook)
https://doi.org/10.1007/978-3-658-21555-2

Die Deutsche Nationalbibliothek verzeichnet diese Publikation in der Deutschen Nationalbibliografie; detaillierte bibliografische Daten sind im Internet über http://dnb.d-nb.de abrufbar.

Springer Vieweg

Lektorat: Karina Danulat

Springer Vieweg ist ein Imprint der eingetragenen Gesellschaft Springer Fachmedien Wiesbaden GmbH und ist ein Teil von Springer Nature.
Die Anschrift der Gesellschaft ist: Abraham-Lincoln-Str. 46, 65189 Wiesbaden, Germany

Das neue Bauvertragsrecht nach BGB kompakt

Vorwort

Seit dem 01.01.2018 gilt das neue Bauvertragsrecht nach den §§ 650a ff. BGB. In dem vorliegenden Buch stellen wir Ihnen die Neuregelungen in vier Kapiteln vor.

Kap. 1: Systematik des Baurechts
Kap. 2: Der Bauvertrag
Kap. 3: Der Verbraucherbauvertrag
Kap. 4: Der Architektenvertrag

Für Anregungen und Kritik sind wir offen und dankbar.

Wir wünschen dem Nutzer des Buches viel Erfolg und verbleiben

mit freundlichen Grüßen

die Autoren

Falk Würfele

Prof. Dr. iur. Falk Würfele
Rechtsanwalt

Alexander Muchowski

Dipl.-Ing. Alexander Muchowski

Inhaltsverzeichnis

1 Systematik des Baurechts

Das Baurecht besteht aus dem sog. „Öffentlichen Baurecht" und dem sog. „Privaten Baurecht".

Die Neuregelungen des BGB zum 01.01.2018 gehören zum Privaten Baurecht.

Bis zum 31.12.2017 bestanden keine eigenen Vorschriften im BGB für den Bauvertrag. Bis zum 31.12.2017 wurden die Vorschriften über den Werkvertrag auf den Bauvertrag analog angewendet.

Seit Inkrafttreten des neuen Bauvertragsrechts zum 01.01.2018 gilt die folgende Anwendungsregel:

1. §§ 650a ff. BGB (Bauvertragsrecht)
2. §§ 631 ff. BGB (Werkvertragsrecht)
3. §§ BGB (andere BGB Vorschriften)

Zuerst wird seit dem 01.01.2018 geprüft, ob der zu prüfende Sachverhalt unter die §§ 650a ff. BGB fällt. Ergänzend werden die §§ 631 ff. (Werkvertragsrecht) herangezogen. Als weiteres gelten die übrigen Vorschriften des BGB. Die rechtliche Prüfung eines Sachverhalts erfolgt in einem Kaskadensystem.

Für den Fall, dass die Anwendung der VOB/B vereinbart wurde, gilt die in Abb. 1.1 dargestellte Prüfungsreihenfolge:

Die wichtigsten neuen Vorschriften im Bauvertragsrecht nach BGB sind die §§ 650b und 650c BGB (Nachträge), die Zustandsfeststellung nach Kündigung (§ 650g BGB) und der Verbraucherbauvertrag (§§ 650i ff. BGB) sowie der Architekten- und Ingenieurvertrag (§§ 650p ff. BGB).

Das „Öffentliche Baurecht" gehört zum öffentlichen Recht und befasst sich mit dem Verhältnis der Bürger zum Staat – also z. B. des Architekten gegenüber der

F. Würfele, A. Muchowski, *Das neue Bauvertragsrecht nach BGB kompakt*,
https://doi.org/10.1007/978-3-658-21555-2_1

Anwendungsreihenfolge BGB und VOB/B:

- Zwingende Vorschriften des BGB, §§ 650a ff. BGB
- Zwingende Vorschriften des BGB, §§ 631 ff. BGB
- Zwingende Vorschriften des BGB, §§ 1 ff. BGB
- Individualvereinbarungen
- Allgemeine Geschäftsbedingungen (z. B. VOB/B)
- Dispositive (änderbare) Vorschriften des BGB, §§ 650a ff. BGB
- Dispositive (änderbare) des BGB, §§ 631 ff. BGB
- Dispositive (änderbare) des BGB, §§ 1 ff. BGB

Abb. 1.1 Anwendungsreihenfolge BGB und VOB/B

Architektenkammer, des Bauherren gegenüber der unteren Bauaufsichtsbehörde bezüglich der Baugenehmigung. Bei den Rechtsanwälten sind die „Fachanwälte für Öffentliches Recht" die richtigen Ansprechpartner.

Das Vergaberecht gehört auch zum öffentlichen Baurecht, bildet allerdings eine Spezialmaterie. Im Vergaberecht ist das öffentliche Beschaffungsrecht geregelt. Hintergrund ist, dass der Staat als „Einkäufer" eine große wirtschaftliche Macht besitzt. Daher muss der Staat beim Einkauf von Leistungen und Materialien bestimmte Regeln einhalten. Ein Vergabeverfahren muss insbesondere transparent und fair sein und darf keinen Unternehmer unsachgemäß bevorzugen. Die Kriterien der Vergabe müssen vor der Vergabe allen Bietern bekannt gemacht worden sein. Das Bauvergaberecht ist überwiegend im GWB, VgV und der VOB/A geregelt. Bei den Rechtsanwälten sind die „Fachanwälte für Vergaberecht" die richtigen Ansprechpartner.

Das „Private Baurecht" gehört zum „Zivilrecht" oder auch „Privatrecht" genannt. Es regelt die Rechtsverhältnisse der Bürger untereinander – also z. B. des Bauherren zum Bauunternehmer (Bauvertrag) oder des Architekten zum Bauherrn (Architektenvertrag).

Bei den Rechtsanwälten sind die „Fachanwälte für Privates Bau- und Architektenrecht" die richtigen Ansprechpartner.

Baurecht unterteilt sich in:
Öffentliches Baurecht:

- Verhältnis Staat (z. B. Baubehörde) zu Bürger (z. B. Bauherr)

Privates Baurecht:

- Verhältnis: Bürger (z. B. Bauherr) zu Bürger (z. B. Bauunternehmen, Architekt)

Das Private Baurecht wird weiter in Privates Bauvertragsrecht und Privates Architekten- und Ingenieurrecht unterteilt.

Privates Baurecht unterteilt sich in:
Privates Bauvertragsrecht:

- Bauverträge, Subunternehmerverträge, etc.

Privates Architekten- und Ingenieurrecht:

- Architektenverträge, Ingenieurverträge, Generalplanerverträge, etc.

Neben dem Bauvertragsrecht spielen bei der Realisierung von Bauprojekten viele andere Vertragstypen eine Rolle, z. B. Bankverträge, Bürgschaftsverträge (für z. B. die Vertragserfüllungs- oder Gewährleistungsbürgschaften), Gesellschaftsverträge (für die Projektgesellschaft) oder Kaufverträge (für Grundstücke und Baumaterialien, etc).

Die BGB-Baurechtsreform 2018 betrifft nur das Private Baurecht – also nur den Bereich der Bauverträge und der Architekten- und Ingenieurverträge.

In diesem Teil wird das gesamte Bauvertragsrecht in seinen Grundzügen unter Berücksichtigung der Baurechtsreform 2018 dargestellt.

Es wird oft noch unterschieden zwischen BGB-Bauverträgen und VOB/B Bauverträgen. Die Allgemeine Geschäftsbedingung der VOB/B enthält Regelungen für den Bauvertrag, die in der Regel als sinnvoll angesehen werden. Dabei besteht ein VOB/B-Bauvertrag bzw. wird ein Bauvertrag VOB/B-Bauvertrag genannt, wenn die VOB/B durch Vereinbarung in den Vertrag einbezogen wird.

Die Bezeichnung VOB/B-Bauvertrag ist irreführend. Die Regelungen der VOB/B sind nur allgemeine Geschäftsbedingungen. Das bedeutet, die VOB/B findet nur dann Anwendung, wenn sie zwischen den Parteien eines Bauvertrags vereinbart wurde, aber daneben ist das BGB selbstverständlich immer noch anwendbar – jedenfalls in den sog. zwingenden Teilen des BGB und in den Teilen des BGB, die nicht durch die VOB/B geändert wurden.

Daraus ergibt sich folgende Anwendungsreihenfolge der Vorschriften:
Das Bauvertragsrecht regelt die Rechtsbeziehungen zwischen dem Auftraggeber (z. B. Bauherr) und dem Bauunternehmer oder z. B. zwischen dem Generalunternehmer und den Subunternehmern.

Die Kenntnis des Bauvertragsrechts ist für den Architekten und Ingenieur besonders wichtig, damit er während der Planung und Bauüberwachung den Auftraggeber bei der Durchführung der Baumaßnahme entsprechend unterstützen kann. Es ist in der Regel die Pflicht des Architekten die Rechnungen des Bauunternehmers zu prüfen. Eine Rechnungsprüfung kann nur sinnvoll erfolgen, wenn der Architekt prüfen kann, ob die Rechnung tatsächlich, rechnerisch und rechtlich richtig ist. Hierfür muss er den Bauvertrag kennen und rechtlich bewerten können WIE und WAS der Bauunternehmer abrechnen kann. Der Architekt muss wissen, wie er einen Nachtrag prüfen kann, welche Gewährleistungsfristen gelten, etc.

Der Bauvertrag beinhaltet in der Regel mindestens die folgenden Themen:

- Vertragsschluss
- Leistungsbeschreibung
- Vergütung
- Nachträge
- Fertigstellung und Abnahme
- Gewährleistung
- Kündigung
- Sicherheiten

Nachfolgend werden die Grundzüge der Regelungen in einem Bauvertrag unter Berücksichtigung der Baurechtsreform 2018 vorgestellt.

2 Bauvertragsrecht

Am Anfang eines Bauvertrags steht die Leistungsbeschreibung. Der Architekt und der Ingenieur haben auf Basis der Anforderungen des Bauherrn das gewünschte Bauwerk geplant. Die Planung und die Art und Weise der Beschreibung der Bauleistung haben Einfluss auf den anzuwendenden Vertragstypus: Einheitspreisvertrag oder Pauschalpreisvertrag.

2.1 Leistungsbeschreibung und Vertragstypen

In der Regel verpflichtet sich der Architekt in einem Architektenvertrag mit dem Bauherrn die Grundleistungen der Leistungsphasen 1 bis 9 gemäß Anlage 10 der HOAI in der Fassung von 2013 zu erbringen.

Der Architekt sollte bereits vor Erstellung der Ausführungsplanung und auf jeden Fall VOR Erstellung der Leistungsbeschreibung wissen, auf Basis welchen Vertragstyps der Bauherr die Bauleistung an den Bauunternehmer vergeben will.

Für einen Globalpauschalpreisvertrag wird der Architekt eine funktionale Leistungsbeschreibung erstellen müssen und für einen Detailpauschalpreisvertrag wird ein detailliertes Leistungsverzeichnis erforderlich sein. Bei einem Einheitspreisvertrag kommen noch die Massen- und Mengenangaben hinzu; das heißt vom Globalpauschalpreisvertrag auf der einen Seite bis zum Einheitspreisvertrag auf der anderen Seite der möglichen Leistungsbeschreibungen nimmt der Detaillierungsgrad der Planung zu.

In Abb. 2.1 werden die Leistungsphasen in 3 Gruppen unterteilt.

F. Würfele, A. Muchowski, *Das neue Bauvertragsrecht nach BGB kompakt*,
https://doi.org/10.1007/978-3-658-21555-2_2

Leistungsphasen unterteilt in 3 Gruppen:

Der Planungsteil: Leistungsphasen 1 bis 5

- Leistungsphase 1: Grundlagenermittlung
- Leistungsphase 2: Vorplanung
- Leistungsphase 3: Entwurfsplanung
- Leistungsphase 4: Genehmigungsplanung
- Leistungsphase 5: Ausführungsplanung

Der Ausschreibungsteil: Leistungsphasen 6 und 7

- Leistungsphase 6: Vorbereitung der Vergabe
- Leistungsphase 7: Mitwirkung bei der Vergabe

Der Objektüberwachungsteil: Leistungsphase 8 und 9

- Leistungsphase 8: Objektüberwachung
- Leistungsphase 9: Objektbetreuung und Überwachung der Mangelbeseitigung

Abb. 2.1 Einteilung Leistungsphase der HOAI

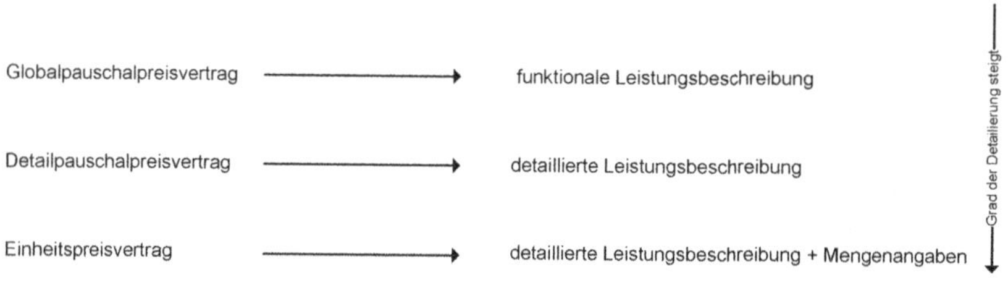

Abb. 2.2 Steigerung der Detailierung der Leistungsbeschreibung nach Vertragstyp

§ 7 b EU VOB/A schreibt als „Normalfall" i.d.R. die Ausschreibung nach Baubeschreibung und Leistungsverzeichnis vor. § 4 Abs. 1, Nr. 1 EU VOB/A sieht als Regelfall den Einheitspreisvertrag vor.(s. Abb. 2.2) Auch § 2 Abs. 2 VOB/B geht regelmäßig von einer Vergütungsvereinbarung durch einen Einheitspreis aus. Der Einheitspreisvertrag wird auf der Leistungsseite durch eine Baubeschreibung und ein Leistungsverzeichnis beschrieben.

Unter Baubeschreibung wird eine allgemeine Darstellung der Bauaufgabe verstanden. Diese Baubeschreibung ist von großer Bedeutung für die Leistungsbeschreibung. Aus ihr gehen in der Regel der Zweck, die Beanspruchung und die wesentlichen Anforderungen an das Bauwerk hervor. Leider werden in der Praxis viele Baubeschreibungen dieser Idee nicht gerecht.

Die Bedeutung der Baubeschreibung wird vielfach unterschätzt. Die Baubeschreibung ist Leistungsbeschreibungselement auf höchster Stufe gleich dem Leistungsverzeichnis und Plänen/Skizzen.

Die einzelnen Leistungsbeschreibungselemente lassen sich unterteilen in:

- Individuelle Leistungsbeschreibungselemente und
- Standardisierte Leistungsbeschreibungselemente

Die individuellen Leistungsbeschreibungselemente werden von dem Architekten konkret für das neue Bauvorhaben erstellt.

Die standardisierten Leistungsbeschreibungselemente wurden - möglicherweise auch von anderen Ingenieuren, die nicht an dem neuen Bauvorhaben teilnehmen - für eine Vielzahl von gleichartigen Bauvorhaben gestaltet.

Die nachfolgenden Leistungsbeschreibungselemente (LBE) können – je nachdem für welchen Zweck sie angefertigt worden sind – sowohl individuelle als auch standardisierte Leistungsbeschreibungselemente sein. Ausnahmen gelten für die öffentlich-rechtlichen Regelungen. Diese sind stets standardisierte Leistungsbeschreibungselemente.

In Abb. 2.3 werden einige Leistungsbeschreibungselemente kurz dargestellt.

Die funktionale Leistungsbeschreibung wird sich überwiegend auf eine übergeordnete Beschreibung des Bauwerks beschränken. In seiner extremsten Form lässt sich die funktionale Baubeschreibung mit „Ein Stück Bauwerk mach fertig"

Übersicht: Mögliche Leistungsbeschreibungselemente (LBE)

- Pläne
- Baubeschreibung
- Leistungsverzeichnis
- Nebenleistungen
- Eventualpositionen
- Funktionalbeschreibung
- Baugenehmigung
- Modelle/BIM
- Gutachten
- Proben/Muster
- Öffentlich-rechtliche Normen
- Technikstandards
- VOB/C
- Herstellerrichtlinien
- Versicherungsrichtlinien

Abb. 2.3 Leistungsbeschreibungselemente

Aufbau eines Leistungsverzeichnisses

Ordnungszahl	Leistungstext	EP	Menge	GP
03.02.10001	Beton C 3	50 Euro/m^3	20.000	1.000.000

Abb. 2.4 Aufbau eines Leistungsverzeichnisses

beschreiben. Daneben lassen sich „weitere Leistungsbeschreibungselemente" beliebig verwenden.

Die detaillierte Leistungsbeschreibung wird im Kern durch ein Leistungsverzeichnis verwirklicht.

Bei einem Leistungsverzeichnis werden die geforderten Teilleistungen über so genannte Ordnungszahlen oder Positionen definiert und in Art und Umfang beschrieben. Dabei sind im Sinne einer eindeutigen Beschreibung nur solche Teilleistungen in einer Position zusammenzufassen, die technisch und im Hinblick auf die Preisbildung gleichartig sind und damit eine ordnungsgemäße Kalkulation ermöglichen. Neben der positionsbezogenen Leistungsbeschreibung sind für bestimmte Gruppen von technisch zusammenhängenden Teilleistungen zumeist technische Vorbemerkungen in Leistungsverzeichnissen enthalten.

Das Leistungsverzeichnis wird dabei nach Leistungsbereichen geordnet und nach der vorgesehenen Teilung in Fach- oder Teillose zu so genannten Vergabeeinheiten zusammengefügt. Bei der Kalkulation, Angebotswertung, Vertragsabwicklung und Abrechnung sind neben dem Aufbau des Leistungsverzeichnisses auch die Positionsarten der Teilleistungen zu beachten.

Der Aufbau eines Leistungsverzeichnisses (Abb. 2.4) ist in seiner grundsätzlichen Systematik bei allen Bauvorhaben identisch. Die geforderte Bauleistung wird, ausgehend von der Gesamtbauleistung, über mehrere Gliederungsebenen beschrieben.

Es steht dem Architekt frei, die verschiedenen Möglichkeiten einer Leistungsbeschreibung zu mischen. Dabei sollte immer auch der Blick auf den späteren Vertragstyp gerichtet werden.

Die einzelnen Vertragstypen eines Bauvertrags werden im 0: „Vergütung" erläutert.

2.2 Vergütung und Zahlung

Auf den Bauvertrag sind die Regelungen des §§ 650a ff. BGB vorrangig anzuwenden. Danach gelten die Vorschriften des §§ 631 ff. BGB. Der Bauvertrag ist daher gleichzeitig „Bauvertrag" und „Werkvertrag" im Sinne des BGB.

Nach § 631 Abs. BGB wird die Bauleistung gegen eine Vergütung erbracht.

§ 631 Vertragstypische Pflichten beim Werkvertrag
(1) Durch den Werkvertrag wird der Unternehmer zur Herstellung des versprochenen Werkes, der Besteller zur Entrichtung der vereinbarten Vergütung verpflichtet.

(2) Gegenstand des Werkvertrags kann sowohl die Herstellung oder Veränderung einer Sache als auch ein anderer durch Arbeit oder Dienstleistung herbeizuführender Erfolg sein.

Der Anspruch des Unternehmers auf Vergütung richtet sich nach dem zwischen den Parteien geschlossenen Vertrag.

Steht die Entgeltlichkeit der Leistungserbringung fest, ist es grundsätzlich Sache der Vertragsparteien, im Rahmen der Vergütungsvereinbarung festzulegen, „wie" die Leistungen des Auftragnehmers zu vergüten sind. Die Parteien können sich über die Zahlungsmodalitäten wie z. B. Abschlagszahlungen, Schlusszahlung, Vorauszahlungen, etc. grundsätzlich frei vereinbaren.

Nach § 631 Abs. 1 BGB wird der Unternehmer (Auftragnehmer) zur Herstellung des versprochenen Werkes, der Besteller (Auftraggeber) zur Entrichtung der **vereinbarten Vergütung** verpflichtet.

Neben den Vorschriften des BGB können die Parteien die Anwendung der Allgemeinen Geschäftsbedingung, der VOB/B vereinbaren.

Die Geltung der VOB/B muss im Einzelfall vereinbart werden. Der hierfür erforderliche, Rechtsakt wird als „Einbeziehung" der VOB/B in den Bauvertrag bezeichnet. Dies hat den Hintergrund, dass es sich nach nahezu allgemeiner Auffassung und ständiger Rechtsprechung bei der VOB/B um Allgemeine Geschäftsbedingungen (AGB) im Sinne der §§ 305 ff. BGB handelt,[1] die nach Maßgabe des § 305 BGB in einen Vertrag „einbezogen" werden.[2] (s. Abb. 2.5).

Im Falle der öffentlichen Auftragsvergabe nach den förmlichen Regeln der VOB/A wird die VOB/B durch den Zuschlag vereinbart.

Abb. 2.6 zeigt die Vertragstypen, die den Vertragsparteien zur Verfügung stehen

[1] Vgl. BGH NJW 1983, 816.

[2] AGB sind danach alle für eine Vielzahl von Verträgen vorformulierten Vertragsbedingungen, die eine Vertragspartei (Verwender) der anderen Vertragspartei bei Abschluss eines Vertrags stellt.

Übersicht Anwendungsreihenfolge:

- BGB zwingende Regelungen §§ 650a BGB, §§ 631 ff. andere BGB Vorschriften
- Individualvereinbarungen
- VOB/B als Allgemeine Geschäftsbedingungen
- BGB dispositive Regelungen §§ 650a BGB, §§ 631 ff. andere BGB Vorschriften

Abb. 2.5 Anwendungsreihenfolge

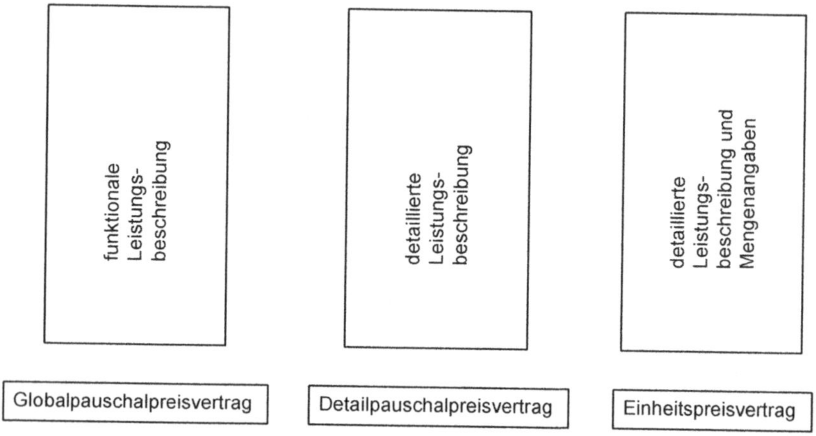

Abb. 2.6 Typische Vertragstypen

Daneben gibt es noch den Stundenlohnvertrag sowie den Kostenerstattungsvertrag. Die größte praktische Bedeutung kommt den sog. **Einheitspreisverträgen** und den sog. **Pauschalpreisverträgen** zu.

Der Einheitspreisvertrag ist der Grundtyp des Bauvertrages nach BGB und VOB/B.

Der Einheitspreisvertrag beschreibt die Bauleistung für technisch und wirtschaftlich einheitliche Teilleistungen nach Maß, Gewicht oder Stückzahl (Menge). Hierzu wird die geschuldete Leistung zunächst in einzelne Teilleistungen aufgegliedert, die in fortlaufender Nummerierung nach Ordnungszahlen („Positionsnummern") in einem Leistungsverzeichnis erfasst sind. Das Leistungsverzeichnis ist bei einem Einheitspreisvertrag der Teil der Leistungsbeschreibung, aus welchem Art und Umfang der geschuldeten Leistung in erster Linie ermittelt werden.[3] Ein Leistungsverzeichnis enthält neben den zuvor beschriebenen Elementen (Positionsnummer, Leistungsbeschreibung, Einheit) auch die Kategorien Menge, Einheitspreis („EP") und Gesamtpreis („GP"). Die Mengenangabe, die auch „Vordersatz" genannt wird, beschreibt den Leistungsumfang, der nach der Vorstellung der Parteien voraussichtlich anfallen wird. Im Regelfall werden die voraussichtlich zur Ausführung des Bauvorhabens erforderlichen Mengen durch den Architekten des Auftraggebers auf der Grundlage der Ausführungsplanung ermittelt. Der Architekt erstellt also vor Vergabe der Bauleistungen an den Auftragnehmer das Leistungsverzeichnis.

Rechnerisch lässt sich nun aus der Multiplikation des Einheitspreises mit den im Vordersatz geschätzten Mengenangaben für jede Position ein Gesamtpreis ermitteln. Damit handelt es sich bei der Angebotssumme immer um eine „vorläufige Angebotssumme". Der endgültige Abrechnungspreis wird erst nach Ausführung der entsprechenden Leistung durch ein Aufmaß ermittelt.

Bei einem **Pauschalpreisvertrag** dagegen wird die insgesamt zu erbringende Bauleistung mit einer pauschalen Geldleistung vergütet.[4] „Pauschal" bedeutet dabei, dass die zu zahlende Vergütung im Gegensatz zum Einheitspreisvertrag nicht einzelnen Leistungselementen zugeordnet wird, sondern der vereinbarten Leistung insgesamt. Auch der Pauschalpreisvertrag ist daher ein Leistungsvertrag. Die Pauschalierung der Vergütung entbindet die Parteien jedoch keineswegs davon, den vertraglich geschuldeten Leistungsinhalt hinreichend konkret zu bestimmen.[5] Mit anderen Worten: Auch beim Pauschalpreisvertrag ist der Preis leistungsabhängig, aber nicht mengenabhängig.

Die Leistungsbeschreibung eines Pauschalpreises kann grundsätzlich derjenigen eines Einheitspreisvertrages entsprechen, also die detaillierte Beschreibung der Leistung bzw. einzelner Teilleistung im Rahmen eines Leistungsverzeichnisses enthalten. Ist lediglich die „Vergütungsseite", nicht jedoch die „Leistungsseite" des Vertrages pauschaliert, spricht man von einem **Detailpauschalpreisvertrag**.

Im Gegensatz dazu wird bei einem **Globalpauschalpreisvertrag** in der Regel nicht nur die Vergütung pauschaliert, sondern auch die Leistungsbeschreibung selbst. Eine solche Leistungsbeschreibung wird in der Regel als „global-funktionale

[3] Keldungs in Ingenstau/Korbion, § 2 Abs. 1 Rn. 4.

[4] Werner/Pastor, Rn. 1514.

[5] ibr-online-Kommentar, § 631 Rn. 345.

Leistungsbeschreibung“ bezeichnet.[6] Eine solche Leistungsbeschreibung bietet sich insbesondere im Gewerbe-, Industrie- oder Anlagenbau an, bei denen es in der Regel nicht so sehr auf äußerliche Details ankommt, sondern auf eine Funktionsfähigkeit des Bauwerks.

Die Vergütung selbst wird vom Auftragnehmer in der Regel in mehreren Abschlagsrechnungen und einer Schlussrechnung geltend gemacht. Dadurch wird der Anspruch auf die Zahlung fällig. Der Auftraggeber leistet auf diese Rechnungen dann die entsprechenden Zahlungen.

Im Rahmen eines Einheitspreisvertrages rechnet der Auftragnehmer nach Aufmaß ab; bei einem Pauschalpreisvertrag nach Pauschalbeträgen und in der Regel nach einem Zahlungsplan gemäß Baufortschritt.

Das BGB sieht die Abschlagszahlungen in § 632a BGB vor.
Dort heißt es):

> § 632a Abschlagszahlungen
> (1) Der Unternehmer kann von dem Besteller eine **Abschlagszahlung in Höhe des Wertes der von ihm erbrachten und nach dem Vertrag geschuldeten Leistungen verlangen.** Sind die erbrachten Leistungen nicht vertragsgemäß, kann der Besteller die Zahlung eines angemessenen Teils des Abschlags verweigern. Die Beweislast für die vertragsgemäße Leistung verbleibt bis zur Abnahme beim Unternehmer. § 641 Abs. 3 gilt entsprechend. Die Leistungen sind durch eine Aufstellung nachzuweisen, die eine rasche und sichere Beurteilung der Leistungen ermöglichen muss. Die Sätze 1 bis 5 gelten auch für erforderliche Stoffe oder Bauteile, die angeliefert oder eigens angefertigt und bereitgestellt sind, wenn dem Besteller nach seiner Wahl Eigentum an den Stoffen oder Bauteilen übertragen oder entsprechende Sicherheit hierfür geleistet wird.
>
> (2) Die Sicherheit nach Absatz 1 Satz 6 kann auch durch eine Garantie oder ein sonstiges Zahlungsversprechen eines im Geltungsbereich dieses Gesetzes zum Geschäftsbetrieb befugten Kreditinstituts oder Kreditversicherers geleistet werden.

Die Schlussrechnung ist erstmalig im BGB seit dem 01.01.2018 in § 650g Abs. 4 BGB geregelt und die Schlussre ist jetzt neben der Abnahme auch Anspruchsvoraussetzung für die Fälligkeit der Vergütung.

---

[6] Vgl. Werner/Pastor, Rn. 1527.

§ 650g Zustandsfeststellung bei Verweigerung der Abnahme; Schlussrechnung

[...]

(4) **Die Vergütung ist zu entrichten**, wenn

1. der Besteller das Werk abgenommen hat oder die Abnahme nach § 641 Absatz 2 entbehrlich ist und
2. der **Unternehmer dem Besteller eine prüffähige Schlussrechnung** erteilt hat.

Die Schlussrechnung ist prüffähig, wenn sie eine übersichtliche Aufstellung der erbrachten Leistungen enthält und für den Besteller nachvollziehbar ist. Sie gilt als prüffähig, wenn der Besteller nicht innerhalb von 30 Tagen nach Zugang der Schlussrechnung begründete Einwendungen gegen ihre Prüffähigkeit erhoben hat.

[...]

Die Abschlagszahlungen (§ 16 Abs. 1 VOB/B) und die Schlussrechnung (§ 16 Abs. 3 VOB/B) richten sich nach § 16 VOB/B, wenn die Anwendung der VOB/B vereinbart wurde.

§ 16 Zahlung

(1) 1. **Abschlagszahlungen sind auf Antrag in möglichst kurzen Zeitabständen oder zu den vereinbarten Zeitpunkten zu gewähren**, und zwar in Höhe des Wertes der jeweils nachgewiesenen vertragsgemäßen Leistungen einschließlich des ausgewiesenen, darauf entfallenden Umsatzsteuerbetrages. [2]Die Leistungen sind durch eine prüfbare Aufstellung nachzuweisen, die eine rasche und sichere Beurteilung der Leistungen ermöglichen muss. [3]Als Leistungen gelten hierbei auch die für die geforderte Leistung eigens angefertigten und bereitgestellten Bauteile sowie die auf der Baustelle angelieferten Stoffe und Bauteile, wenn dem Auftraggeber nach seiner Wahl das Eigentum an ihnen übertragen ist oder entsprechende Sicherheit gegeben wird.

2. [1]Gegenforderungen können einbehalten werden. [2]Andere Einbehalte sind nur in den im Vertrag und in den gesetzlichen Bestimmungen vorgesehenen Fällen zulässig.

3. Ansprüche auf Abschlagszahlungen werden binnen 21 Tagen nach Zugang der Aufstellung fällig.

4. Die Abschlagszahlungen sind ohne Einfluss auf die Haftung des Auftragnehmers; sie gelten nicht als Abnahme von Teilen der Leistung.

(2) 1. [1]Vorauszahlungen können auch nach Vertragsabschluss vereinbart werden; hierfür ist auf Verlangen des Auftraggebers ausreichende Sicherheit zu leisten. [2]Diese Vorauszahlungen sind, sofern nichts anderes vereinbart wird, mit 3 v. H. über dem Basiszinssatz des § 247 BGB zu verzinsen.

2. Vorauszahlungen sind auf die nächstfälligen Zahlungen anzurechnen, soweit damit Leistungen abzugelten sind, für welche die Vorauszahlungen gewährt worden sind.

(3) 1. [1]Der **Anspruch auf Schlusszahlung** wird alsbald nach Prüfung und Feststellung **fällig, spätestens innerhalb von 30 Tagen nach Zugang der Schlussrechnung**. [2]Die Frist verlängert sich auf höchstens 60 Tage, wenn sie aufgrund der besonderen Natur oder Merkmale der Vereinbarung sachlich gerechtfertigt ist und ausdrücklich vereinbart wurde. [3]Werden Einwendungen gegen die Prüfbarkeit unter Angabe der Gründe nicht bis zum Ablauf der jeweiligen Frist erhoben, kann der Auftraggeber sich nicht mehr auf die fehlende Prüfbarkeit berufen. [4]Die Prüfung der Schlussrechnung ist nach Möglichkeit zu beschleunigen. [5]Verzögert sie sich, so ist das unbestrittene Guthaben als Abschlagszahlung sofort zu zahlen.

2. Die vorbehaltlose Annahme der Schlusszahlung schließt Nachforderungen aus, wenn der Auftragnehmer über die Schlusszahlung schriftlich unterrichtet und auf die Ausschlusswirkung hingewiesen wurde.

3. Einer Schlusszahlung steht es gleich, wenn der Auftraggeber unter Hinweis auf geleistete Zahlungen weitere Zahlungen endgültig und schriftlich ablehnt.

4. Auch früher gestellte, aber unerledigte Forderungen werden ausgeschlossen, wenn sie nicht nochmals vorbehalten werden.

5. [1]Ein Vorbehalt ist innerhalb von 28 Tagen nach Zugang der Mitteilung nach den Nummern 2 und 3 über die Schlusszahlung zu erklären. [2]Er wird hinfällig, wenn nicht innerhalb von weiteren 28 Tagen – beginnend am Tag nach Ablauf der in Satz 1 genannten 28 Tage – eine prüfbare Rechnung über die vorbehaltenen Forderungen eingereicht oder, wenn das nicht möglich ist, der Vorbehalt eingehend begründet wird.

6. Die Ausschlussfristen gelten nicht für ein Verlangen nach Richtigstellung der Schlussrechnung und -zahlung wegen Aufmaß-, Rechen- und Übertragungsfehlern.

(4) In sich abgeschlossene Teile der Leistung können nach Teilabnahme ohne Rücksicht auf die Vollendung der übrigen Leistungen endgültig festgestellt und bezahlt werden.

(5) 1. Alle Zahlungen sind aufs Äußerste zu beschleunigen.

2. Nicht vereinbarte Skontoabzüge sind unzulässig.

3. [1]Zahlt der Auftraggeber bei Fälligkeit nicht, so kann ihm der Auftragnehmer eine angemessene Nachfrist setzen. [2]Zahlt er auch innerhalb der Nachfrist nicht, so hat der Auftragnehmer vom Ende der Nachfrist an Anspruch auf Zinsen in Höhe der in § 288 Absatz 2 BGB angegebenen Zinssätze, wenn er nicht einen höheren Verzugsschaden nachweist. [3]Der Auftraggeber kommt jedoch, ohne dass es einer Nachfristsetzung bedarf, spätestens 30 Tage nach Zugang der Rechnung oder der Aufstellung bei Abschlagszahlungen in Zahlungsverzug, wenn der Auftragnehmer seine vertraglichen und gesetzlichen Verpflichtungen erfüllt und den fälligen Entgeltbetrag nicht rechtzeitig erhalten hat, es sei denn, der Auftraggeber ist für den Zahlungsverzug nicht verantwortlich. [4]Die Frist verlängert sich auf höchstens 60 Tage, wenn sie aufgrund der besonderen Natur oder Merkmale der Vereinbarung sachlich gerechtfertigt ist und ausdrücklich vereinbart wurde.

4. Der Auftragnehmer darf die Arbeiten bei Zahlungsverzug bis zur Zahlung einstellen, sofern eine dem Auftraggeber zuvor gesetzte angemessene Frist erfolglos verstrichen ist.

(6) [1]Der Auftraggeber ist berechtigt, zur Erfüllung seiner Verpflichtungen aus den Absätzen 1 bis 5 Zahlungen an Gläubiger des Auftragnehmers zu leisten, soweit sie an der Ausführung der vertraglichen Leistung des Auftragnehmers aufgrund eines mit diesem abgeschlossenen Dienst- oder Werkvertrags beteiligt sind, wegen Zahlungsverzugs des Auftragnehmers die Fortsetzung ihrer Leistung zu Recht verweigern und die Direktzahlung die Fortsetzung der Leistung sicherstellen soll. [2]Der Auftragnehmer ist verpflichtet, sich auf Verlangen des Auftraggebers innerhalb einer von diesem gesetzten Frist darüber zu erklären, ob und inwieweit er die Forderungen seiner Gläubiger anerkennt; wird diese Erklärung nicht rechtzeitig abgegeben, so gelten die Voraussetzungen für die Direktzahlung als anerkannt.

Daneben oder anstelle der genannten Regelungen können abweichende Zahlungsmodalitäten vereinbart werden; insbesondere Zahlungspläne, Skonti, Zahlungsvoraussetzungen, Sicherheiten etc.

2.3 Nachträge

Nachträge – also Mehrforderungen des Bauunternehmers für geänderte oder zusätzliche Leistungen oder Ansprüche für Bauzeitverlängerungen – spielen in der Baupraxis eine erhebliche Rolle. Die allermeisten Bauvorhaben werden zu erhöhten Preisen abgerechnet. Teilweise liegen die Preiserhöhungen bei mehreren 100 %.

Der Begriff des **Nachtrags** ist weder im Gesetz noch in der VOB/B definiert. Üblicherweise werden unter diesem Begriff alle Konstellationen zusammengefasst, in denen der Auftragnehmer aufgrund geänderter und/oder zusätzlicher Leistungen und/oder einer längeren Bauzeit eine höhere Vergütung verlangt.

Abb. 2.7. zeigt die in Betracht kommenden Nachträge

Nachträge können unterschiedliche Ursachen haben.

Neben zufälligen Mengenänderungen oder einer verlängerten Bauzeit kommen insbesondere vom Auftraggeber angeordnete Leistungsabweichungen in Betracht.

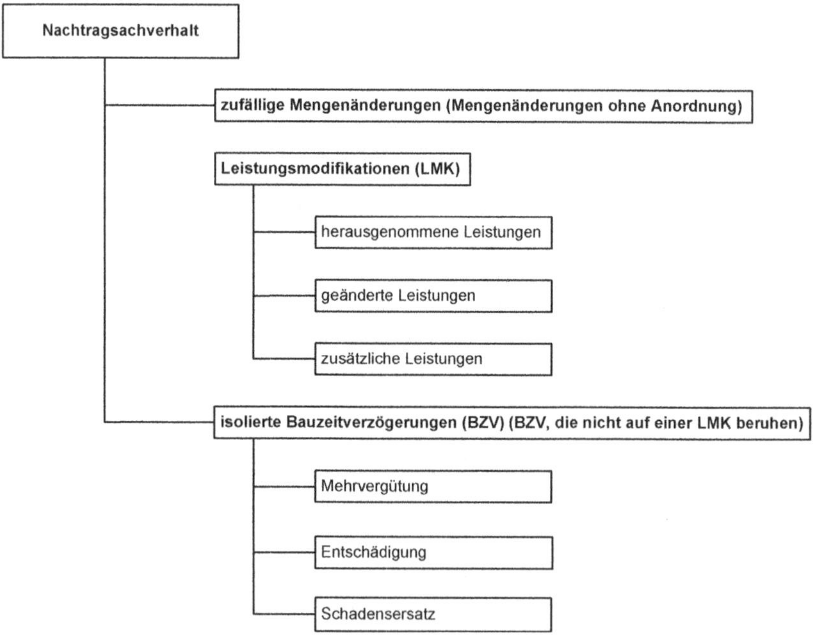

Abb. 2.7 mögliche Nachtragssachverhalte

Grundsätzlich können Änderungen eines Vertrages nur mit dem Willen beider Vertragsparteien vorgenommen werden.

Im Baurecht gibt es die Besonderheit, dass sowohl **im BGB (seit dem 01.01.2018 durch die Baurechtsreform)** als auch in der VOB/B Vorschriften bestehen, nach denen das Bausoll auch noch nach Vertragsschluss vom Auftraggeber geändert werden kann. Dies ist sinnvoll. Der Bauprozess ist dynamisch. Aus unterschiedlichen Gründen kann es erforderlich oder wünschenswert werden, die ursprünglich geplante Bauleistung zu ändern.

Nachfolgend wird detailliert dargestellt, wie sich die Leistungen und die Vergütung nach Vertragsschluss ändern können.

1. Schritt: Prüfung des Bausoll

Um die gewünschte oder erforderliche Änderung festzustellen ist zunächst zu prüfen, welche Leistung ursprünglich vereinbart war. **Es ist zu prüfen, was das bisherige Bausoll ist.** Diese Frage ist in der Praxis meist schwierig zu beantworten. Der Auftraggeber ist immer geneigt zu sagen, diese Bauleistung war von Anfang an – also ab Vertragsschluss – ohnehin als vertragliches Bausoll geschuldet. Der Auftragnehmer hat ein Interesse daran, dass diese Leistung, die jetzt gewünscht wird, noch nicht vom ursprünglichen Bausoll erfasst war, damit er einen Nachtrag begründen kann.

2. Schritt: Prüfung der Abweichung

In einem weiteren Schritt ist zunächst in technischer Hinsicht zu prüfen, ob die jetzt gewünschte oder erforderliche Leistung eine Abweichung zum Bausoll darstellt. Wenn eine Abweichung festgestellt wird, ist im dritten Schritt zu prüfen, ob die Abweichung zu einem Vergütungsanspruch des Auftragnehmers führt.

3. Schritt: Vergütungspflichtigkeit der Abweichung

Die rechtliche Beurteilung von Nachträgen richtet sich nach unterschiedlichen Vorschriften.

Eine Übersicht über sämtliche Nachtragsansprüche gibt Abb. 2.8.

Seit dem 01.01.2018 existiert ein neues Bauvertragsrecht nach BGB. Die Neuerungen betreffen in den §§ 650 b und 650c BGB auch die rechtliche Behandlung von Nachträgen.

Die Rechtslage nach BGB – also ohne Anwendung der VOB/B Regelungen - richtet sich nach verschiedenen Paragraphen des BGB. Dies liegt insbesondere daran, dass die drei oben bereits dargestellten Nachtragskategorien

Anspruchsgrundlagen nach BGB und VOB/B für Nachträge:

Zufällige Mengenänderung:	§ 2 Abs. 3 VOB/B Einheitspreisvertrag § 2 Abs. 7 VOB/B Pauschalpreisvertrag Keine Vorschriften im BGB!	
Leistungsmodifikation:	Herausnahme von Leistungen	§ 2 Abs. 4 VOB/B
	Leistungsänderungen	§ 2 Abs. 5 VOB/B, § 1 Abs. 3
	Zusätzliche Leistungen	§ 2 Abs. 6 VOB/B; § 1 Abs. 4
	Nur im „Neuen BGB“ geregelt in §§ 650b und c BGB.	
	Folgeaufträge	§ 631 BGB
	nicht beauftragte Leistungen	§ 2 Abs. 8 VOB/B
Isolierte Bauzeitverzögerung:	§ 2 Abs. 5 VOB/B, § 6 Abs. 6 VOB/B, § 642 BGB Im BGB geregelt. Keine neue Rechtslage	

Abb. 2.8 Übersicht Anspruchsgrundlagen Nachträge

- Zufällige (nicht angeordnete) Mengenänderungen
- Leistungsmodifikationen und
- Isolierte Bauzeitverzögerungen (die nicht auf Leistungsmodifikationen beruhen)

unterschiedlichen rechtlichen Regelungen unterliegen.

Während sich die nicht angeordneten (zufälligen) Mengenänderungen beim Einheitspreisvertrag und Pauschalpreisvertrag sozusagen im Rahmen einer bestehenden expliziten Vereinbarung vollziehen hat dies ganz andere Voraussetzungen als z. B. eine Leistungsmodifikation (geänderte oder zusätzliche Leistung), die eine Änderung des Bau-Soll beinhaltet oder eine Bauzeitverzögerung, die auf verschiedensten Ursachen beruhen kann.

Daher betrachten wir in dem vorliegenden Werk die jeweiligen Nachträge auch nach dem BGB im Rahmen der drei Nachtragskategorien.

2.3.1 Mengenänderungen

Eine Mengenänderung ist eine „zufällige“ - also nicht angeordnete - Änderung der zuvor angenommenen Mengen (beim Einheitspreisvertrag der sog. Vordersätze).

Für eine solche Änderung liegt im Rahmen eines Einheitspreisvertrags und eines Pauschalpreisvertrags eine explizite Vereinbarung vor – auch im sog. BGB-Bauvertrag. Diese Vereinbarung besteht kraft der ausdrücklichen Parteiabrede unabhängig von anderen AGB wie der VOB/B und auch unabhängig von den Regelungen im BGB. Im Rahmen der VOB/B wurden lediglich für den Einheitspreisvertrag in § 2 Abs. 3 VOB/B weitere Detailregelungen – wie z. B. eine Preisanpassung oberhalb einer Abweichung der ausgeführten Menge von 10 % getroffen.

2.3.1.1 Mengenänderungen beim Einheitspreisvertrag

Die grundsätzliche Vereinbarung „Einheitspreisvertrag" – also Bezahlung nach ausgeführter Menge gemäß Aufmaß – besteht unabhängig vom BGB oder der VOB/B.

Die Parteien haben im Rahmen des Einheitspreises vereinbart, dass die jeweils tatsächlich ausgeführte Menge bezahlt wird. Der Angebotspreis ist insoweit vorläufig. Diese Abrede besteht unabhängig von der Frage, ob die Anwendung der VOB/B vereinbart wurde.

Nicht geregelt ist, dagegen die Frage, ob sich die Einheitspreise ab einer bestimmten Mengenüber- oder -unterschreitung ändern sollen. Diese Frage wurde auch in dem neuen BGB-Bauvertragsrecht, welches ab dem 01.01.2018 gilt, nicht betrachtet.

Preisanpassungen können sich im Einzelfall nach den Grundsätzen des Wegfalls der Geschäftsgrundlage ergeben (§ 313 BGB).

Nach § 313 BGB kann sich ein Recht einer Vertragspartei ergeben, dass der Preis auch ohne entsprechende vorherige vertragliche Regelung angepasst wird, wenn sich Umstände, die zur Grundlage des Vertrags geworden sind, nach Vertragsschluss schwerwiegend geändert haben und die Parteien den Vertrag nicht oder mit einem anderen Inhalt geschlossen hätten, wenn sie diese Veränderung vorausgesehen hätten und soweit einem Vertragsteil unter Berücksichtigung sämtlicher Umstände des Einzelfalls, insbesondere der vertraglichen oder gesetzlichen Risikoverteilung das Festhalten am unveränderten Vertrag nicht zugemutet werden kann.

Haben sich Einheiten massiv verändert, z. B. um 200 oder 300 % und sich dadurch die Kosten der Materialbeschaffung erheblich verändert, kann es dem Unternehmer ggf. nicht mehr zugemutet werden, die weitern Einheiten zum gleichen Einheitspreis einzubauen, wie die erste Menge zu 100 %. Hier sind viele Beispiele denkbar, z. B. Erhöhung des Einkaufspreises von Material, verlängerte Mietkosten für Baugeräte, erhöhter Personalaufwand, Neubeauftragung eines Subunternehmers, etc..

2.3.1.2 Mengenänderungen beim Pauschalpreisvertrag

Für eine zufällige Mengenänderung beim Pauschalpreisvertrag haben die Parteien vereinbart, dass sich der Preis nicht ändern soll. Es verbleibt also beim Pauschalpreis. 100 % wurden vereinbart und 100 % werden bezahlt unabhängig davon um welchen Prozentsatz sich die tatsächlich ausgeführte Menge geändert hat.

Preisanpassungen können sich auch hier nach den Grundsätzen des Wegfalls der Geschäftsgrundlage ergeben (§ 313 BGB); insbesondere dann, wenn sich die zunächst als Vertragsgrundlage angenommenen Mengen erheblich erhöht haben.

2.3.2 Leistungsmodifikationen

Leistungsmodifikationen können sein:

- Geänderte Leistungen und
- zusätzliche Leistungen

Die bisherigen Regelungen des BGB mit Geltung bis zum 31.12.2017 haben sich mit dieser Nachtragskategorie der „Leistungsmodifikation" nicht beschäftigt. Hier musste sich die Rechtsprechung mit einer Einzelfallbetrachtung im Rahmen des Grundsatzes von Treu und Glauben nach § 242 BGB helfen.

Das neue BGB-Bauvertragsrecht ab 01.01.2018 sieht in § 650 b BGB und § 650 c BGB Regelungen vor, die den bekannten VOB/B Regelungen der §§ 1 Abs. 3 und 4 VOB/B (Leistungsbeschreibung und Anordnungsrechte für Leistungsänderungen) und §§ 2 Abs. 5, 6 und 8 VOB/B (Vergütungsanpassungen bei Leistungsänderungen) ähnlich sind.(s. Abb. 2.9)

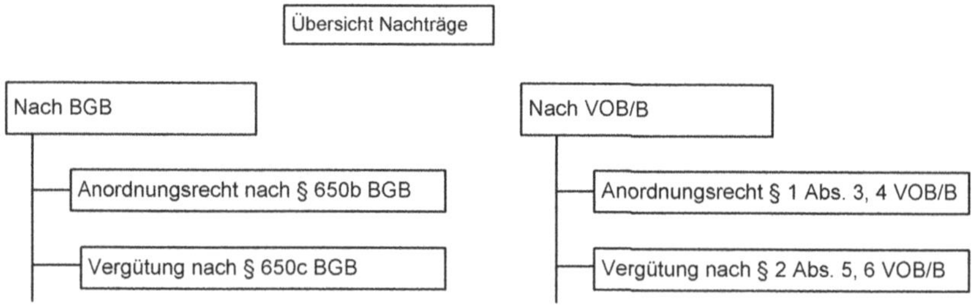

Abb. 2.9 Übersicht Anspruchsgrundlagen

Nachtragsregelung im BGB mit Geltung ab 01. Januar 2018

- Anordnungsrechte des Auftraggebers zur Leistungsänderung (§ 650b BGB)
- Vergütungsanpassung bei Anordnungen des Auftraggebers zur Leistungsänderung (§ 650c BGB)

Übersicht Nachträge nach BGB

- **Anordnungsrechte § 650b BGB**
- **Vergütungsanpassung § 650c BGB**

In § 650 b BGB wird die Leistungsseite und das Anordnungsrecht des Bestellers wie folgt geregelt:

§ 650b BGB

(1) [1]Begehrt der Besteller

1. eine Änderung des vereinbarten Werkerfolgs (§ 631 Absatz 2) oder

2. eine Änderung, die zur Erreichung des vereinbarten Werkerfolgs notwendig ist,

streben die Vertragsparteien Einvernehmen über die Änderung und die infolge der Änderung zu leistende Mehr- oder Mindervergütung an. [2]Der Unternehmer ist verpflichtet, ein Angebot über die Mehr- oder Mindervergütung zu erstellen, im Falle einer Änderung nach Satz 1 Nummer 1 jedoch nur, wenn ihm die Ausführung der Änderung zumutbar ist. [3]Macht der Unternehmer betriebsinterne Vorgänge für die Unzumutbarkeit einer Anordnung nach Absatz 1 Satz 1 Nummer 1 geltend, trifft ihn die Beweislast hierfür. [4]Trägt der Besteller die Verantwortung für die Planung des Bauwerks oder der Außenanlage, ist der Unternehmer nur dann zur Erstellung eines Angebots über die Mehr- oder Mindervergütung verpflichtet, wenn der Besteller die für die Änderung erforderliche Planung vorgenommen und dem Unternehmer zur Verfügung gestellt hat. [5]Begehrt der Besteller eine Änderung, für die dem Unternehmer nach § 650c Absatz 1 Satz 2 kein Anspruch auf Vergütung für vermehrten Aufwand zusteht, streben die Parteien nur Einvernehmen über die Änderung an; Satz 2 findet in diesem Fall keine Anwendung.

(2) [1]Erzielen die Parteien binnen 30 Tagen nach Zugang des Änderungsbegehrens beim Unternehmer keine Einigung nach Absatz 1, kann der Besteller die Änderung in Textform anordnen. [2]Der Unternehmer ist verpflichtet, der Anordnung des Bestellers nachzukommen, einer Anordnung nach Absatz 1 Satz 1 Nummer 1 jedoch nur, wenn ihm die Ausführung zumutbar ist. [3]Absatz 1 Satz 3 gilt entsprechend.

Zunächst fällt auf, dass § 650b BGB anders als die §§ 1 Abs. 3 und 4 VOB/B nicht zwischen geänderten und zusätzlichen Leistungen unterscheidet. Dies ist dogmatisch auch richtig und konsequent, weil die Leistungsänderung der Oberbegriff ist. Jede zusätzliche Leistung stellt auch eine Leistungsänderung dar.

Als inhaltliche Regelung statuiert § 650b BGB zunächst nur den Appell an die Vertragsparteien sich über die Details der Leistungsänderung und der sich daraus ergebenden Änderung der Vergütung zu einigen, wenn der Besteller eine Änderung des Werkerfolgs begehrt.

Wie oben zitiert heißt es hierzu:

… streben die Vertragsparteien Einvernehmen über die Änderung und die infolge der Änderung zu leistende Mehr- oder Mindervergütung an.

Des Weiteren legt § 650b BGB dem Unternehmer die Pflicht auf, ein Angebot über die Mehr- oder Mindervergütung zu erstellen.

Hierbei unterscheidet § 650b BGB jedoch zwischen notwendigen und nicht notwendigen Leistungsänderungen.

Ist eine Leistung nicht notwendig (§ 650b Abs. 1, Nr. 1 BGB), so ist der Unternehmer nur dann verpflichtet ein Angebot vorzulegen, wenn ihm die Ausführung der Änderung zumutbar ist.

(1) Begehrt der Besteller

1. eine Änderung des vereinbarten Werkerfolgs (§ 631 Absatz 2) oder

Macht der Unternehmer betriebsinterne Vorgänge für die Unzumutbarkeit einer Anordnung nach Absatz 1 Satz 1 Nummer 1 geltend, trifft ihn die Beweislast hierfür. Der Unternehmer muss also in den Fällen der nicht notwendigen Änderungen, in denen er sich auf die Unzumutbarkeit der Anordnung aus internen Gründen beruft, diese Gründe im Bestreitensfall beweisen. (s. Abb. 2.10)

Diese Regelung erscheint nicht uneingeschränkt sachgerecht. Denn in den Fällen des Absatz 1 Satz 1 Nummer 1 ordnet der Besteller eine „freie" oder auch „willkürliche" Änderung an, die zur Erreichung des „eigentlich" vereinbarten

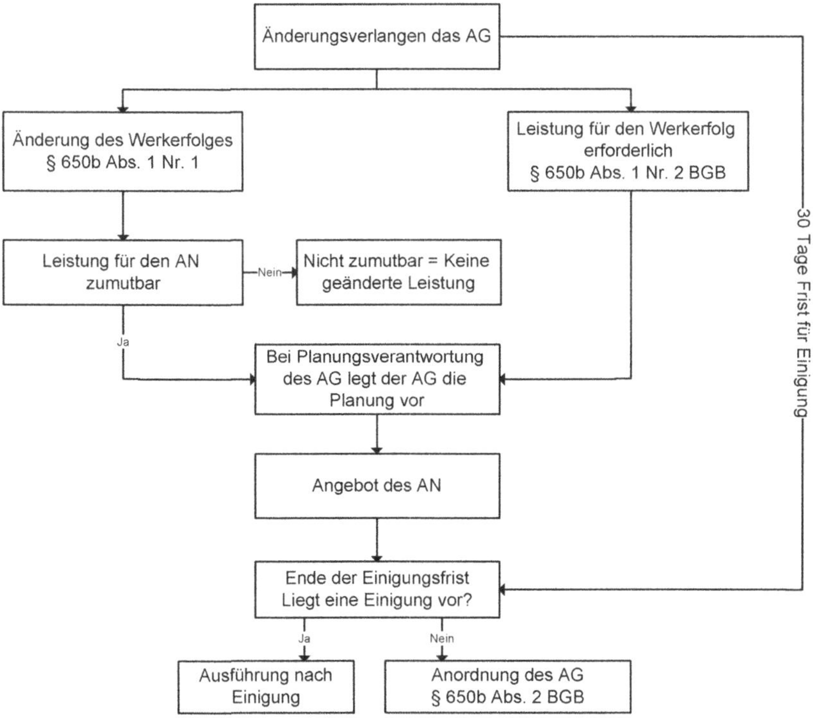

Abb. 2.10 Ablauf Änderungen

Werkerfolgs nicht erforderlich ist. Selbst diese „willkürliche" Anordnung kann der Besteller nach § 650b Abs. 2 BGB anordnen, wenn dem Unternehmer die Ausführung zumutbar ist. Jedoch zeigt § 650b Abs. 1, Nr. 2, Satz 3 BGB, dass der Unternehmer bei internen Vorgängen die Unzumutbarkeit zu beweisen hat. Den Unternehmer trifft hier bei einer Ablehnung einer willkürlichen Anordnung möglicherweise zu einem erheblich späteren Zeitpunkt in einem Gerichtsprozess die Beweislast für die Unzumutbarkeit.

> (1) Begehrt der Besteller
>
> […]
>
> 2. eine Änderung, die zur Erreichung des vereinbarten Werkerfolgs notwendig ist,

streben die Vertragsparteien Einvernehmen über die Änderung und die infolge der Änderung zu leistende Mehr- oder Mindervergütung an. [2]Der Unternehmer ist verpflichtet, ein Angebot über die Mehr- oder Mindervergütung zu erstellen, im Falle einer Änderung nach Satz 1 Nummer 1 jedoch nur, wenn ihm die Ausführung der Änderung zumutbar ist. [3]Macht der Unternehmer betriebsinterne Vorgänge für die Unzumutbarkeit einer Anordnung nach Absatz 1 Satz 1 Nummer 1 geltend, trifft ihn die Beweislast hierfür. **[4]Trägt der Besteller die Verantwortung für die Planung des Bauwerks oder der Außenanlage, ist der Unternehmer nur dann zur Erstellung eines Angebots über die Mehr- oder Mindervergütung verpflichtet, wenn der Besteller die für die Änderung erforderliche Planung vorgenommen und dem Unternehmer zur Verfügung gestellt hat.** [5]Begehrt der Besteller eine Änderung, für die dem Unternehmer nach § 650c Absatz 1 Satz 2 kein Anspruch auf Vergütung für vermehrten Aufwand zusteht, streben die Parteien nur Einvernehmen über die Änderung an; Satz 2 findet in diesem Fall keine Anwendung.

Trägt der Besteller die Verantwortung für die Planung des Bauwerks oder der Außenanlage, ist der Unternehmer nur dann zur Erstellung eines Angebots über die Mehr- oder Mindervergütung verpflichtet, wenn der Besteller die für die Änderung erforderliche Planung vorgenommen und dem Unternehmer zur Verfügung gestellt hat. Diese Neuregelung ist konsequent. In allen Bauprojekten, bei denen die Planung beim Besteller liegt, ist der Besteller auch verpflichtet, eine angestrebte Änderung der auszuführenden Leistung zu planen und diese Planung dem Unternehmer zur Verfügung zu stellen. Erst dann ist der Unternehmer verpflichtet, ein Angebot über die Mehr- und Mindervergütung zu erstellen.

Begehrt der Besteller eine Änderung, für die dem Unternehmer nach § 650c Absatz 1 Satz 2 BGB kein Anspruch auf Vergütung für vermehrten Aufwand zusteht, streben die Parteien nur Einvernehmen über die Änderung an; Satz 2 findet in diesem Fall keine Anwendung.

Diese Regelung befasst sich mit dem Fall des nach § 650c Absatz 1 Satz 2 BGB. Dort heißt es:

> […] Umfasst die Leistungspflicht des Unternehmers auch die Planung des Bauwerks oder der Außenanlage, steht diesem im Fall des § 650b Absatz 1 Satz 1 Nummer 2 kein Anspruch auf Vergütung für vermehrten Aufwand zu.

Das bedeutet, dass dem Unternehmer, der mit der Planung des Bauwerks beauftragt war, kein Anspruch auf Mehrvergütung zusteht, wenn eine weitere Leistung zur Ausführung kommt, die zur Erreichung des vereinbarten Werkerfolgs notwendig ist. Hintergrund ist, dass die Partei, die das Bauvorhaben plant auch für die Planung verantwortlich ist. Insofern handelt es sich bei dieser Änderung um „Mangelbeseitigung".

Grundsatz: Wer plant der haftet.

Hier will das Gesetz dem Bauunternehmer, der die Bauleistung geplant hat, das Vollständigkeitsrisiko der Planung aufbürden. Das mag im Durchschnittsfall gerecht sein, führt allerdings auch zu Ungerechtigkeiten. Hat zum Beispiel der Unternehmer eine wichtige Leistung nicht richtig geplant und muss er diese jetzt ausführen, weil sie zur Erreichung des Werkerfolgs notwendig ist, bleibt er auf den Kosten sitzen, obwohl der Besteller diese Leistungen bei rechtzeitiger und richtiger Planung auch hätte tragen müssen (Sowiesokosten).

§ 650 b Abs. 1, Satz 5 BGB regelt für diesen Fall, dass die Parteien nur Einvernehmen über die Änderung der Leistung anstreben, weil eine Vergütung nach § 650c BGB nicht vorgesehen ist.

§ 650b Abs. 2 BGB regelt weiter, dass wenn die Parteien binnen 30 Tagen nach Zugang des Änderungsbegehrens beim Unternehmer keine Einigung nach Absatz 1 erzielen, der Besteller die Änderung in Textform anordnen kann. Der Unternehmer ist verpflichtet, der Anordnung des Bestellers nachzukommen, einer Anordnung nach Absatz 1 Satz 1 Nummer 1 jedoch nur, wenn ihm die Ausführung zumutbar ist. Absatz 1 Satz 3 gilt entsprechend.

Für den Fall, dass sich die Parteien nicht innerhalb von 30 Tagen über die Ausführung der Leistung und der Mehr- oder Mindervergütung einigen, kann der Besteller die Leistungsänderung schriftlich anordnen. Der Anordnung einer notwendigen Leistung muss der Unternehmer nachkommen. Der Anordnung einer nicht notwendigen Leistung muss der Unternehmer nur dann nachkommen, wenn ihm die Ausführung zumutbar ist. Für die Beweislast von betriebsinternen Vorgängen, die die Unzumutbarkeit der Ausführung der Leistung für den Unternehmer darstellen, gilt Absatz 1 Satz 3 entsprechend. Diese Beweislast trägt der Unternehmer.

Die vom Gesetz vorgesehene Einigungszeit von 30 Tagen ist sehr lang und wird überwiegend als problematisch angesehen. Da auf einer Baustelle in der Regel viele Nachträge bestehen und für jeden Nachtrag die 30 Tagesfrist erneut gilt, kann dadurch die Baustelle erheblich verzögert werden.

Es wird daher allgemein angenommen, dass diese Frist in Individualvereinbarungen abgeändert werden kann. Eine Verkürzung der Frist durch AGB des Bestellers dürfte problematisch sein, da die 30 Tagesfrist offensichtlich nach der

Baurechtsreform vom 01.01.2018 das gesetzliche Leitbild darstellt. Auch in AGB dürfte aber auch eine angemessene Verkürzung auf z. B. 2 Wochen gestattet sein.[7] Hier wird die Praxis der Gerichte zeigen, welche Fristverkürzung als zulässig angesehen wird.

Die Vergütungsseite einer Leistungsänderungsanordnung des Bestellers nach § 650b BGB wird in § 650c BGB geregelt.

§ 650c Vergütungsanpassung bei Anordnungen nach § 650b Absatz 2

(1) [1]Die Höhe des Vergütungsanspruchs für den infolge einer Anordnung des Bestellers nach § 650b Absatz 2 vermehrten oder verminderten Aufwand ist nach den tatsächlich erforderlichen Kosten mit angemessenen Zuschlägen für allgemeine Geschäftskosten, Wagnis und Gewinn zu ermitteln. [2]Umfasst die Leistungspflicht des Unternehmers auch die Planung des Bauwerks oder der Außenanlage, steht diesem im Fall des § 650b Absatz 1 Satz 1 Nummer 2 kein Anspruch auf Vergütung für vermehrten Aufwand zu.

(2) [1]Der Unternehmer kann zur Berechnung der Vergütung für den Nachtrag auf die Ansätze in einer vereinbarungsgemäß hinterlegten Urkalkulation zurückgreifen. [2]Es wird vermutet, dass die auf Basis der Urkalkulation fortgeschriebene Vergütung der Vergütung nach Absatz 1 entspricht.

(3) [1]Bei der Berechnung von vereinbarten oder gemäß § 632a geschuldeten Abschlagszahlungen kann der Unternehmer 80 Prozent einer in einem Angebot nach § 650b Absatz 1 Satz 2 genannten Mehrvergütung ansetzen, wenn sich die Parteien nicht über die Höhe geeinigt haben oder keine anderslautende gerichtliche Entscheidung ergeht. [2]Wählt der Unternehmer diesen Weg und ergeht keine anderslautende gerichtliche Entscheidung, wird die nach den Absätzen 1 und 2 geschuldete Mehrvergütung erst nach der Abnahme des Werks fällig. [3]Zahlungen nach Satz 1, die die nach den Absätzen 1 und 2 geschuldete Mehrvergütung übersteigen, sind dem Besteller zurückzugewähren und ab ihrem Eingang beim Unternehmer zu verzinsen. [4]§ 288 Absatz 1 Satz 2, Absatz 2 und § 289 Satz 1 gelten entsprechend.

Abs. 1 regelt den Vergütungsanspruch des Unternehmers in den Fällen einer Anordnung in Textform durch den Besteller nach § 650b Abs. 2 BGB.

Dies ist folgerichtig: Wenn der Besteller gesetzlich in die Lage versetzt wird, Leistungsänderungen anzuordnen, so muss auch der Unternehmer das korrespondierende Recht erhalten, dafür eine Vergütung zu verlangen (s. Abb. 2.11).

---

[7] Langen/Berger/Dauner-Lieb, Kommentar zum neuen Bauvertragsrecht, § 650b, Rn. 105.

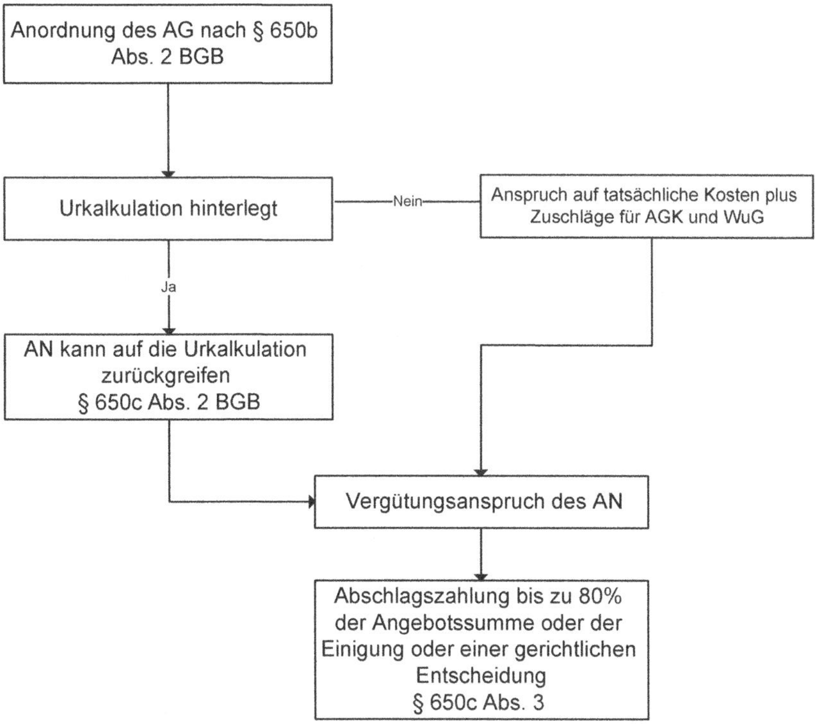

Abb. 2.11 Vergütungsansprüche des AN nach § 650c BGB

Die Höhe der Vergütung ist nach den tatsächlich erforderlichen Kosten mit angemessenen Zuschlägen für allgemeine Geschäftskosten, Wagnis und Gewinn zu ermitteln. Diese Formulierung stellt einen Unterschied zu den Regelungen in der VOB/B dar. Dort wird auf die „Grundlagen der Preisermittlung" abgestellt, was traditionell in den Kommentierungen bisher mehrheitlich als „Geltung der Urkalkulation" interpretiert wurde. Offen bleibt sprachlich, ob § 650c BGB unter angemessen Zuschlägen „objektiv" angemessene oder „auf Basis der bisherigen Kalkulation angemessene" Zuschläge versteht. Aus Abs. 2 ergibt sich nur, dass der Unternehmer zur Berechnung der Vergütung für den Nachtrag auf die Ansätze in einer vereinbarungsgemäß hinterlegten Urkalkulation zurückgreifen kann. Es wird dann vermutet, dass die auf Basis der Urkalkulation fortgeschriebene Vergütung der Vergütung nach Absatz 1 entspricht.

(1) [1]Die Höhe des Vergütungsanspruchs für den infolge einer Anordnung des Bestellers nach § 650b Absatz 2 vermehrten oder verminderten Aufwand ist nach den tatsächlich erforderlichen Kosten mit angemessenen Zuschlägen für allgemeine Geschäftskosten, Wagnis und Gewinn zu ermitteln. [2]Umfasst die Leistungspflicht des Unternehmers auch die Planung des Bauwerks oder der Außenanlage, steht diesem im Fall des § 650b Absatz 1 Satz 1 Nummer 2 kein Anspruch auf Vergütung für vermehrten Aufwand zu.

Offen bleibt weiter, ob der Unternehmer auf die hinterlegte Urkalkulation zurückgreifen „MUSS" und was gilt, wenn keine Urkalkulation hinterlegt wurde.

Nach dem Wortlaut der Vorschrift ist ein Wahlrecht nicht nachvollziehbar.

(2) [1]Der Unternehmer **kann** zur Berechnung der Vergütung für den Nachtrag auf die Ansätze in einer vereinbarungsgemäß hinterlegten Urkalkulation zurückgreifen. [2]Es wird vermutet, dass die auf Basis der Urkalkulation fortgeschriebene Vergütung der Vergütung nach Absatz 1 entspricht.

Wenn doch eine Urkalkulation vertragsgemäß hinterlegt wurde, scheint die Abrede zwischen den Parteien zu bestehen, dass diese auch verwendet werden soll. Es bleibt fraglich, wieso dem Unternehmer hier mit dem Wort „kann" offensichtlich ein Wahlrecht eingeräumt werden soll. Entweder es wurde eine Urkalkulation mit der Vereinbarung der Verwendung hinterlegt oder nicht.

Für die Baupraxis kann hier nur empfohlen werden, diese Fragen vertraglich klar unabhängig vom BGB zu regeln.

Umfasst die Leistungspflicht des Unternehmers auch die Planung des Bauwerks oder der Außenanlage, steht diesem im Fall des § 650b Absatz 1 Satz 1 Nummer 2 kein Anspruch auf Vergütung für vermehrten Aufwand zu. Hier wird wieder sehr konsequent der oben dargestellte Grundsatz (Wer plant der haftet) umgesetzt. Für den Fall, dass der Bauunternehmer die Planung für das Bauwerk vorgenommen hat, soll er keine weitere Vergütung erhalten, wenn der Besteller eine notwendige – also für den Werkerfolg erforderliche – Leistung angeordnet hat, denn diese notwendige Leistung hätte der Unternehmer eigentlich von Anfang an planen und kalkulieren müssen.

§ 650c Abs. 2 BGB enthält eine neue Regelung, die versucht, eine Beziehung zwischen dem Angebot des Unternehmers im Rahmen des § 650b Absatz 1 Satz 2 BGB und von vereinbarten oder gemäß § 632a BGB geschuldeten Abschlagszahlungen herzustellen.

Bei der Berechnung von vereinbarten oder gemäß § 632a geschuldeten Abschlagszahlungen wird dem Unternehmer das Recht eingeräumt, 80 Prozent einer in einem Angebot nach § 650b Absatz 1 Satz 2 genannten Mehrvergütung ansetzen, wenn sich die Parteien nicht über die Höhe geeinigt haben oder keine anderslautende gerichtliche Entscheidung ergeht. Diese nach den Absätzen 1 und 2 geschuldete Mehrvergütung wird dann erst nach der Abnahme des Werks mangels anderslautender gerichtlicher Entscheidung fällig.

Aus dieser Regelung ergeben sich eine Reihe von nicht gelösten Folgefragen. Zudem wird das Angebot des Unternehmers nach § 650b Absatz 1 Satz 2 BGB zu seinen Gunsten in verschiedenen Konstellationen überbewertet. Anderseits die Fälligkeit unnötig zu seinen Lasten auf nach der Abnahme zeitlich nach hinten verschoben.

Für die Berechnung der zusätzlichen Vergütung nach Urkalkulation wird regelmäßig von folgender Kalkulation ausgegangen:

Ein allgemein anerkannter Aufbau der Auftragskalkulation wird in der KLR-Bau beschrieben und im Folgenden vorgestellt.

Tab. 2.1 zeigt die Gliederung einer Kalkulation.

Zunächst werden die **Einzelkosten der Teilleistungen (EKT)** ermittelt, die der Erbringung der jeweiligen Leistung zuzuordnen sind. Dazu gehören beispielsweise Lohnkosten, Kosten für Baustoffe oder Gerätekosten. Kosten die der Leistungserbringung unmittelbar zugeordnet werden können, werden als direkte Kosten bezeichnet.

Im Gegensatz zu den direkten Kosten können die **Baustellengemeinkosten (BGK)** keiner bestimmten Leistungserbringung zugeordnet werden. Ein Beispiel für Baustellengemeinkosten sind Kosten für einen Baukran, der für zahlreiche Tätigkeiten verwendet wird.

Tab. 2.1 Gliederung einer Kalkulation

	Einzelkosten der Teilleistungen (EKT)
+	Baustellengemeinkosten (BGK)
=	Herstellkosten der Bauleistung (HK)
+	Allgemeine Geschäftskosten der Unternehmung (AGK)
=	Selbstkosten der Auftragsdurchführung (SK)
+	Allgemeines Unternehmenswagnis und -gewinn (WuG)
=	Angebotsendsumme (netto)
+	Mehrwertsteuer
=	Angebotsendsumme (brutto)

Die Summe aus den Einzelkosten der Teilleistungen und den Baustellengemeinkosten ergibt die **Herstellkosten (HK)** der Bauleistung.

Zusätzlich zu den projektbezogenen Herstellkosten fallen in Unternehmen projektübergreifende **Allgemeine Geschäftskosten (AGK)** an. Beispiele hierfür sind Kosten für die Geschäftsführung, die Unternehmensverwaltung oder Versicherungen.

Aus der Addition der Allgemeinen Geschäftskosten und der Herstellkosten ergeben sich die Kosten, die dem Unternehmen bei der Auftragsdurchführung entstehen und als Selbstkosten (SK) bezeichnet werden.

Würde das Unternehmen die Bauleistung zu seinen Selbstkosten anbieten, könnte es keinen Gewinn erwirtschaften. Zusätzlich zu den **Selbstkosten (SK)** erfolgt in der Kalkulation daher ein Aufschlag für **Wagnis und Gewinn (WuG).**

Die verschiedenen Zuschläge auf die EKT werden als Deckungsbeiträge bezeichnet.

In der Praxis werden die EKT teilweise in verschiedene Kostenarten wie Lohnkosten, Stoffkosten, Gerätekosten und Fremdleistungskosten untergliedert. Für diese Kostenarten werden jeweils individuelle Zuschlagssätze festgelegt bzw. ermittelt.

2.3.3 Bauzeitverzögerungen

Eine Bauzeitverzögerung (BZV) liegt vor, wenn der Unternehmer einen Vertragstermin überschreitet. Ein Vertragstermin muss ausdrücklich vereinbart werden oder es muss sich eindeutig aus den Umständen ergeben, dass ein solcher vereinbart werden sollte. Termine aus einem Bauzeitenplan gelten regelmäßig nicht als Vertragstermin. Typischerweise wird mindestens ein Fertigstellungstermin vereinbart.

Hinsichtlich der Bauzeitverzögerungen ergeben sich durch die BGB-Reform zum 01.01.2018 keine Neuerungen.

Ein Verzögerungsschaden kann unter den Voraussetzungen der §§ 280, 286 BGB geltend gemacht werden, soweit eine Partei schuldhaft (§ 276 BGB) gehandelt hat.

Darüber hinaus kann eine Bauzeitverzögerung auch auf einer Mitwirkungspflichtverletzung beruhen. Daraus kann ein verschuldensunabhängiger **Entschädigungsanspruch** gemäß § 642 BGB resultieren.

2.4 Fertigstellung und Abnahme

Nach § 640 BGB ist der Besteller (Auftraggeber) verpflichtet, das fertig gestellte Werk abzunehmen. Soweit die Anwendung der VOB/B nicht vereinbart wurde, gelten ausschließlich die Regelungen hierzu des BGB (§§ 640, 641 BGB).

Abnahme bedeutet, die Anerkennung des Bauwerks als im Wesentlichen vertragsgemäß.

Die Abnahmepflicht ist eine Hauptpflicht des Bestellers. Sie kann selbständig geltend gemacht werden.

In § 640 heißt es:

§ 640 Abnahme
(1) Der **Besteller ist verpflichtet, das vertragsmäßig hergestellte Werk abzunehmen**, sofern nicht nach der Beschaffenheit des Werkes die Abnahme ausgeschlossen ist. Wegen unwesentlicher Mängel kann die Abnahme nicht verweigert werden.

(2) Als abgenommen gilt ein Werk auch, wenn der Unternehmer dem Besteller nach Fertigstellung des Werks eine angemessene Frist zur Abnahme gesetzt hat und der Besteller die Abnahme nicht innerhalb dieser Frist unter Angabe mindestens eines Mangels verweigert hat. Ist der Besteller ein Verbraucher, so treten die Rechtsfolgen des Satzes 1 nur dann ein, wenn der Unternehmer den Besteller zusammen mit der Aufforderung zur Abnahme auf die Folgen einer nicht erklärten oder ohne Angabe von Mängeln verweigerten Abnahme hingewiesen hat; der Hinweis muss in Textform erfolgen.

(3) Nimmt der Besteller ein mangelhaftes Werk gemäß Absatz 1 Satz 1 ab, obschon er den Mangel kennt, so stehen ihm die in § 634 Nr. 1 bis 3 bezeichneten Rechte nur zu, wenn er sich seine Rechte wegen des Mangels bei der Abnahme vorbehält.

Die Fälligkeit der Vergütung ist in § 641 BGB geregelt:

§ 641 Fälligkeit der Vergütung
(1) Die Vergütung ist bei der Abnahme des Werkes zu entrichten. Ist das Werk in Teilen abzunehmen und die Vergütung für die einzelnen Teile bestimmt, so ist die Vergütung für jeden Teil bei dessen Abnahme zu entrichten.

(2) Die Vergütung des Unternehmers für ein Werk, dessen Herstellung der Besteller einem Dritten versprochen hat, wird spätestens fällig,

1. soweit der Besteller von dem Dritten für das versprochene Werk wegen dessen Herstellung seine Vergütung oder Teile davon erhalten hat,
2. soweit das Werk des Bestellers von dem Dritten abgenommen worden ist oder als abgenommen gilt oder
3. wenn der Unternehmer dem Besteller erfolglos eine angemessene Frist zur Auskunft über die in den Nummern 1 und 2 bezeichneten Umstände bestimmt hat.

Hat der Besteller dem Dritten wegen möglicher Mängel des Werks Sicherheit geleistet, gilt Satz 1 nur, wenn der Unternehmer dem Besteller entsprechende Sicherheit leistet.

(3) Kann der Besteller die Beseitigung eines Mangels verlangen, so kann er nach der Fälligkeit die Zahlung eines angemessenen Teils der Vergütung verweigern; angemessen ist in der Regel das Doppelte der für die Beseitigung des Mangels erforderlichen Kosten.

(4) Eine in Geld festgesetzte Vergütung hat der Besteller von der Abnahme des Werkes an zu verzinsen, sofern nicht die Vergütung gestundet ist.

Nach § 641 Abs. 1 S. 1 BGB ist die Vergütung bei der Abnahme zu bezahlen. Seit dem 01.01.2018 ist bei Bauverträgen neben der Abnahme noch eine prüffähige Schlussrechnung nach § 650g Abs. 4 BGB erforderlich.

Vor der Fertigstellung hat der Unternehmer für die erbrachten Leistungen einen Anspruch auf Abschlagszahlungen (vgl. § 632 a BGB).

Die Abnahme als Fälligkeitsvoraussetzung ist in den sog. „Durchgriffsfällen" des § 641 Abs. 2 BGB entbehrlich.

Kann der Besteller die Beseitigung von Mängeln verlangen, kann er auch nach der Abnahme die Zahlung eines angemessenen Teils der Vergütung verweigern. Als angemessen gilt „in der Regel das Doppelte der für die Kosten der Mängelbeseitigung erforderlichen Kosten" (vgl. § 641 Abs. 3 BGB).

Nimmt der Besteller ein mangelhaftes Werk ab, obwohl er den Mangel kennt, stehen ihm die in § 634 Nr. 1–3 BGB bezeichneten Rechte nur zu, wenn er sich seine Rechte wegen des Mangels bei der Abnahme vorbehält (vgl. § 640 Abs. 3 BGB).

2.5 Gewährleistung

Die Gewährleistung oder auch Mängelrechte genannt sind in § 633 BGB geregelt.

In § 633 BGB heißt es:

§ 633 Sach- und Rechtsmangel

(1) Der Unternehmer hat dem Besteller das Werk frei von Sach- und Rechtsmängeln zu verschaffen.

(2) Das Werk ist frei von Sachmängeln, wenn es die vereinbarte Beschaffenheit hat. Soweit die Beschaffenheit nicht vereinbart ist, ist das Werk frei von Sachmängeln,

1. wenn es sich für die nach dem Vertrag vorausgesetzte, sonst
2. für die gewöhnliche Verwendung eignet und eine Beschaffenheit aufweist, die bei Werken der gleichen Art üblich ist und die der Besteller nach der Art des Werkes erwarten kann.

Einem Sachmangel steht es gleich, wenn der Unternehmer ein anderes als das bestellte Werk oder das Werk in zu geringer Menge herstellt.

(3) Das Werk ist frei von Rechtsmängeln, wenn Dritte in Bezug auf das Werk keine oder nur die im Vertrag übernommenen Rechte gegen den Besteller geltend machen können.

Das BGB geht vom sogenannten „subjektiven Fehlerbegriff" aus.

Ein Sachmangel ist die Abweichung der Ist-Beschaffenheit von der Soll-Beschaffenheit. Die Ist-Beschaffenheit beurteilt sich nach dem tatsächlichen Zustand des Werkes im Zeitpunkt der Abnahme. Die Soll-Beschaffenheit richtet sich in erster Linie nach den subjektiven Vereinbarungen der Parteien bei Vertragsschluss. Deshalb ist ein Werk nur dann frei von Sachmängeln, wenn es der „vereinbarten Beschaffenheit" entspricht (vgl. § 633 Abs. 2 S. 1 BGB).

„Soweit" die Beschaffenheit nicht vereinbart ist, muss ein mangelfreies Werk sich für den vertraglich vorausgesetzten Gebrauch eignen (§ 633 Abs. 2 S. 2 Nr. 1 BGB). Wenn sich ein solcher nicht ermitteln lässt, z. B. weil die Parteien den Verwendungszweck nicht oder nicht umfassend beschrieben haben, muss es sich objektiv zur gewöhnlichen Verwendung eignen, sowie eine Beschaffenheit aufweisen, die bei Werken gleicher Art üblich ist und die der Besteller nach der Art des Werkes erwarten kann (§ 633 Abs. 2 S. 2 Nr. 2 BGB).

Es sind gegebenenfalls alle drei Kriterien heranzuziehen, um die geschuldete Beschaffenheit festzustellen.

Die Rechte des Bestellers bei Vorliegen von Mängeln richten sich nach § 634 BGB. Dort heißt es:

§ 634 Rechte des Bestellers bei Mängeln
Ist das Werk mangelhaft, kann der Besteller, wenn die Voraussetzungen der folgenden Vorschriften vorliegen und soweit nicht ein anderes bestimmt ist,
1. nach § 635 Nacherfüllung verlangen,
2. nach § 637 den Mangel selbst beseitigen und Ersatz der erforderlichen Aufwendungen verlangen,
3. nach den §§ 636, 323 und 326 Abs. 5 von dem Vertrag zurücktreten oder nach § 638 die Vergütung mindern und
4. nach den §§ 636, 280, 281, 283 und 311a Schadensersatz oder nach § 284 Ersatz vergeblicher Aufwendungen verlangen.

Die Verjährung der Mängelrechte ist in § 634a BGB geregelt.

§ 634a Verjährung der Mängelansprüche
(1) Die in § 634 Nr. 1, 2 und 4 bezeichneten Ansprüche verjähren

1. vorbehaltlich der Nummer 2 in zwei Jahren bei einem Werk, dessen Erfolg in der Herstellung, Wartung oder Veränderung einer Sache oder in der Erbringung von Planungs- oder Überwachungsleistungen hierfür besteht,

2. in fünf Jahren bei einem Bauwerk und einem Werk, dessen Erfolg in der Erbringung von Planungs- oder Überwachungsleistungen hierfür besteht, und

3. im Übrigen in der regelmäßigen Verjährungsfrist.

(2) Die Verjährung beginnt in den Fällen des Absatzes 1 Nr. 1 und 2 mit der Abnahme.

(3) Abweichend von Absatz 1 Nr. 1 und 2 und Absatz 2 verjähren die Ansprüche in der regelmäßigen Verjährungsfrist, wenn der Unternehmer den Mangel arglistig verschwiegen hat. Im Fall des Absatzes 1 Nr. 2 tritt die Verjährung jedoch nicht vor Ablauf der dort bestimmten Frist ein.

(4) Für das in § 634 bezeichnete Rücktrittsrecht gilt § 218. Der Besteller kann trotz einer Unwirksamkeit des Rücktritts nach § 218 Abs. 1 die Zahlung der Vergütung insoweit verweigern, als er auf Grund des Rücktritts dazu berechtigt sein würde. Macht er von diesem Recht Gebrauch, kann der Unternehmer vom Vertrag zurücktreten.

(5) Auf das in § 634 bezeichnete Minderungsrecht finden § 218 und Absatz 4 Satz 2 entsprechende Anwendung.

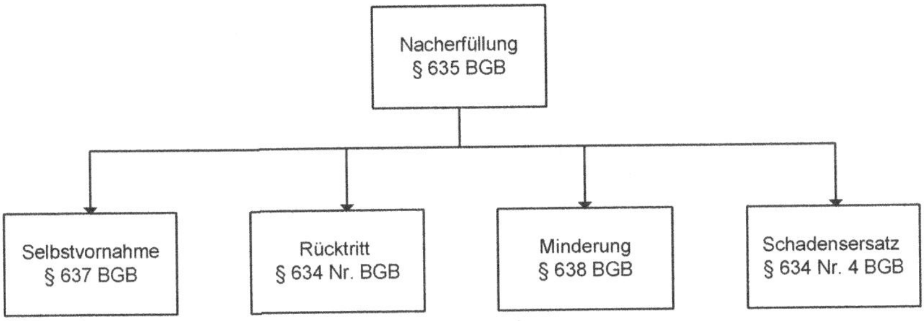

Abb. 2.12 Mängelrechte

Die einzelnen Mängelrechte des Bestellers sind in § 635 ff. BGB bestimmt (s. dazu Abb. 2.12). Zunächst muss der Besteller Nacherfüllung – also Mangelbeseitigung - verlangen. Nach fruchtlosem Fristablauf hat er weitere Mängelrechte/ Gewährleistungsrechte.

§ 635 Nacherfüllung
(1) Verlangt der Besteller Nacherfüllung, so kann der Unternehmer nach seiner Wahl den Mangel beseitigen oder ein neues Werk herstellen.

(2) Der Unternehmer hat die zum Zwecke der Nacherfüllung erforderlichen Aufwendungen, insbesondere Transport-, Wege-, Arbeits- und Materialkosten zu tragen.

(3) Der Unternehmer kann die Nacherfüllung unbeschadet des § 275 Abs. 2 und 3 verweigern, wenn sie nur mit unverhältnismäßigen Kosten möglich ist.

(4) Stellt der Unternehmer ein neues Werk her, so kann er vom Besteller Rückgewähr des mangelhaften Werkes nach Maßgabe der §§ 346 bis 348 verlangen.

§ 636 Besondere Bestimmungen für Rücktritt und Schadensersatz
Außer in den Fällen der § 281 Abs. 2 und 323 Abs. 2 bedarf es der Fristsetzung auch dann nicht, wenn der Unternehmer die Nacherfüllung gemäß § 635 Abs. 3 verweigert oder wenn die Nacherfüllung fehlgeschlagen oder dem Besteller unzumutbar ist.

§ 637 Selbstvornahme
(1) Der Besteller kann wegen eines Mangels des Werkes nach erfolglosem Ablauf einer von ihm zur Nacherfüllung bestimmten angemessenen Frist den

Mangel selbst beseitigen und Ersatz der erforderlichen Aufwendungen verlangen, wenn nicht der Unternehmer die Nacherfüllung zu Recht verweigert.

(2) § 323 Abs. 2 findet entsprechende Anwendung. Der Bestimmung einer Frist bedarf es auch dann nicht, wenn die Nacherfüllung fehlgeschlagen oder dem Besteller unzumutbar ist.

(3) Der Besteller kann von dem Unternehmer für die zur Beseitigung des Mangels erforderlichen Aufwendungen Vorschuss verlangen.

§ 638 Minderung

(1) Statt zurückzutreten, kann der Besteller die Vergütung durch Erklärung gegenüber dem Unternehmer mindern. Der Ausschlussgrund des § 323 Abs. 5 Satz 2 findet keine Anwendung.

(2) Sind auf der Seite des Bestellers oder auf der Seite des Unternehmers mehrere beteiligt, so kann die Minderung nur von allen oder gegen alle erklärt werden.

(3) Bei der Minderung ist die Vergütung in dem Verhältnis herabzusetzen, in welchem zur Zeit des Vertragsschlusses der Wert des Werkes in mangelfreiem Zustand zu dem wirklichen Wert gestanden haben würde. Die Minderung ist, soweit erforderlich, durch Schätzung zu ermitteln.

(4) Hat der Besteller mehr als die geminderte Vergütung gezahlt, so ist der Mehrbetrag vom Unternehmer zu erstatten. § 346 Abs. 1 und § 347 Abs. 1 finden entsprechende Anwendung.

§ 639 Haftungsausschluss

Auf eine Vereinbarung, durch welche die Rechte des Bestellers wegen eines Mangels ausgeschlossen oder beschränkt werden, kann sich der Unternehmer nicht berufen, soweit er den Mangel arglistig verschwiegen oder eine Garantie für die Beschaffenheit des Werkes übernommen hat.

2.6 Kündigung

Die Kündigungsregelungen wurden in den §§ 648 und 648a BGB ab dem 01.01.2018 neu gefasst. Neu ist auch die Regelung der Kündigung aus wichtigem Grund.

§ 648 Kündigungsrecht des Bestellers
Der Besteller kann bis zur Vollendung des Werkes jederzeit den Vertrag kündigen. Kündigt der Besteller, so ist der Unternehmer berechtigt, die vereinbarte Vergütung zu verlangen; er muss sich jedoch dasjenige anrechnen lassen, was er infolge der Aufhebung des Vertrags an Aufwendungen erspart oder durch anderweitige Verwendung seiner Arbeitskraft erwirbt oder zu erwerben böswillig unterlässt. Es wird vermutet, dass danach dem Unternehmer 5 vom Hundert der auf den noch nicht erbrachten Teil der Werkleistung entfallenden vereinbarten Vergütung zustehen.

Nach § 648 BGB kann der Besteller den Bauvertrag jeder Zeit kündigen. Bei dieser sogenannten „freien Kündigung" – also der Kündigung ohne wichtigen Grund – behält der Auftragnehmer (Unternehmer) jedoch den Anspruch auf die vereinbarte Vergütung. Der Gewinn des Unternehmers wird auf 5 % vermutet. Die Vermutung kann aber widerlegt werden.

Die Kündigung ist eine sogenannte „einseitig empfangsbedürftige Willenserklärung". Es handelt sich um die Erklärung des Bestellers, den Vertrag beenden zu wollen, die erst mit Zugang beim Auftragnehmer (Unternehmer) wirksam wird.

Die Kündigungserklärung muss nicht ausdrücklich erfolgen, d. h. ein Kündigungsschreiben muss nicht das Wort „Kündigung" enthalten. Es ist ausreichend, wenn die Erklärung des Auftraggebers unter Berücksichtigung aller Umstände des Einzelfalles so ausgelegt werden kann, dass der Besteller den Vertrag beenden möchte.

Eine Kündigung konnte früher bis zum 31.12.2018 schriftlich, mündlich oder konkludent (durch schlüssiges Verhalten) erfolgen. Seit dem 01.01.2018 gilt das Schriftformerfordernis.

§ 650h BGB Schriftform der Kündigung (Neu)
Die Kündigung des Bauvertrags bedarf der schriftlichen Form.

§ 648 BGB eröffnet dem Auftraggeber also die Möglichkeit, den Bauvertrag „jederzeit" zu kündigen. Der Nachteil ist, dass der Auftragnehmer die „vereinbarte Vergütung" verlangen kann. Er muss sich allerdings dasjenige anrechnen lassen, was er an Aufwendungen erspart hat oder durch anderweitige Verwendung seiner Arbeitskraft wirbt oder zu erwerben böswillig unterlässt.

Neu eingefügt wurde der § 648a BGB „Kündigung aus wichtigem Grund" zum 01.01.2018. Ein wichtiger Grund liegt vor, wenn einer Vertragspartei die Fortsetzung des Vertrages nicht zuzumuten ist. Diese Vorschrift setzt letztlich nur bestehende Rechtsprechung um, wonach bei einem zumindest auf eine gewisse Dauer angelegten Vertragsverhältnis eine Kündigung aus wichtigem Grund möglich sein muss.

In § 648a BGB heißt es:

§ 648a Kündigung aus wichtigem Grund

(1) Beide Vertragsparteien können den Vertrag aus wichtigem Grund ohne Einhaltung einer Kündigungsfrist kündigen. Ein wichtiger Grund liegt vor, wenn dem kündigenden Teil unter Berücksichtigung aller Umstände des Einzelfalls und unter Abwägung der beiderseitigen Interessen die Fortsetzung des Vertragsverhältnisses bis zur Fertigstellung des Werks nicht zugemutet werden kann.

(2) Eine Teilkündigung ist möglich; sie muss sich auf einen abgrenzbaren Teil des geschuldeten Werks beziehen.

(3) § 314 Absatz 2 und 3 gilt entsprechend.

(4) Nach der Kündigung kann jede Vertragspartei von der anderen verlangen, dass sie an einer gemeinsamen Feststellung des Leistungsstandes mitwirkt. Verweigert eine Vertragspartei die Mitwirkung oder bleibt sie einem vereinbarten oder einem von der anderen Vertragspartei innerhalb einer angemessenen Frist bestimmten Termin zur Leistungsstandfeststellung fern, trifft sie die Beweislast für den Leistungsstand zum Zeitpunkt der Kündigung. Dies gilt nicht, wenn die Vertragspartei infolge eines Umstands fernbleibt, den sie nicht zu vertreten hat und den sie der anderen Vertragspartei unverzüglich mitgeteilt hat.

(5) Kündigt eine Vertragspartei aus wichtigem Grund, ist der Unternehmer nur berechtigt, die Vergütung zu verlangen, die auf den bis zur Kündigung erbrachten Teil des Werks entfällt.

(6) Die Berechtigung, Schadensersatz zu verlangen, wird durch die Kündigung nicht ausgeschlossen.

Anders als bei der freien Kündigung ist der Unternehmer nur berechtigt, die Vergütung zu verlangen, die auf den bis zur Kündigung erbrachten Teil des Werkes entfällt.

Eine Teilkündigung ist möglich, wenn sie sich auf einen abgrenzbaren Teil des Bauwerks bezieht.

§ 648a Abs. 4 BGB regelt eine gemeinsame Leistungsfeststellung nach der Kündigung.

Bei einem VOB/B Vertrag gelten die §§ 8 und 9 VOB/B. Im Gegensatz zum BGB unterscheidet die VOB/B differenziert zwischen den einzelnen Kündigungsgründen. § 8 VOB/B gilt für die Kündigung durch den Auftraggeber und § 9 VOB/B gilt für die Kündigung durch den Auftragnehmer. Im Einzelnen sind die Kündigungsgründe in der VOB/B wie folgt beschrieben.

§ 8 VOB/B Kündigung durch den Auftraggeber

(1) 1. Der Auftraggeber kann bis zur Vollendung der Leistung jederzeit den Vertrag kündigen.

2. [1]Dem Auftragnehmer steht die vereinbarte Vergütung zu. [2]Er muss sich jedoch anrechnen lassen, was er infolge der Aufhebung des Vertrags an Kosten erspart oder durch anderweitige Verwendung seiner Arbeitskraft und seines Betriebs erwirbt oder zu erwerben böswillig unterlässt (§ 649 BGB).

(2) 1. Der Auftraggeber kann den Vertrag kündigen, wenn der Auftragnehmer seine Zahlungen einstellt, von ihm oder zulässigerweise vom Auftraggeber oder einem anderen Gläubiger das Insolvenzverfahren (§§ 14 und 15 InsO) beziehungsweise ein vergleichbares gesetzliches Verfahren beantragt ist, ein solches Verfahren eröffnet wird oder dessen Eröffnung mangels Masse abgelehnt wird.

2. [1]Die ausgeführten Leistungen sind nach § 6 Absatz 5 abzurechnen. [2]Der Auftraggeber kann Schadensersatz wegen Nichterfüllung des Restes verlangen.

(3) 1. [1]Der Auftraggeber kann den Vertrag kündigen, wenn in den Fällen des § 4 Absätze 7 und 8 Nummer 1 und des § 5 Absatz 4 die gesetzte Frist fruchtlos abgelaufen ist. [2]Die Kündigung kann auf einen in sich abgeschlossenen Teil der vertraglichen Leistung beschränkt werden.

2. [1]Nach der Kündigung ist der Auftraggeber berechtigt, den noch nicht vollendeten Teil der Leistung zu Lasten des Auftragnehmers durch einen Dritten ausführen zu lassen, doch bleiben seine Ansprüche auf Ersatz des etwa entstehenden weiteren Schadens bestehen. [2]Er ist auch berechtigt, auf die weitere Ausführung zu verzichten und Schadensersatz wegen Nichterfüllung zu verlangen, wenn die Ausführung aus den Gründen, die zur Kündigung geführt haben, für ihn kein Interesse mehr hat.

3. Für die Weiterführung der Arbeiten kann der Auftraggeber Geräte, Gerüste, auf der Baustelle vorhandene andere Einrichtungen und angelieferte Stoffe und Bauteile gegen angemessene Vergütung in Anspruch nehmen.

4. Der Auftraggeber hat dem Auftragnehmer eine Aufstellung über die entstandenen Mehrkosten und über seine anderen Ansprüche spätestens binnen 12 Werktagen nach Abrechnung mit dem Dritten zuzusenden.

(4) [1]Der Auftraggeber kann den Vertrag kündigen,

1. [1]wenn der Auftragnehmer aus Anlass der Vergabe eine Abrede getroffen hatte, die eine unzulässige Wettbewerbsbeschränkung darstellt. [2]Absatz 3 Nummer 1 Satz 2 und Nummer 2 bis 4 gilt entsprechend.
2. sofern dieser im Anwendungsbereich des 4. Teils des GWB geschlossen wurde,
   a) [1]wenn der Auftragnehmer wegen eines zwingenden Ausschlussgrundes zum Zeitpunkt des Zuschlags nicht hätte beauftragt werden dürfen. [2]Absatz 3 Nummer 1 Satz 2 und Nummer 2 bis 4 gilt entsprechend.
   b) [1]bei wesentlicher Änderung des Vertrages oder bei Feststellung einer schweren Verletzung der Verträge über die Europäische Union und die Arbeitsweise der Europäischen Union durch den Europäischen Gerichtshof. [2]Die ausgeführten Leistungen sind nach § 6 Absatz 5 abzurechnen. [3]Etwaige Schadensersatzansprüche der Parteien bleiben unberührt.

[2]Die Kündigung ist innerhalb von 12 Werktagen nach Bekanntwerden des Kündigungsgrundes auszusprechen.

(5) [1]Sofern der Auftragnehmer die Leistung, ungeachtet des Anwendungsbereichs des 4. Teils des GWB, ganz oder teilweise an Nachunternehmer weitervergeben hat, steht auch ihm das Kündigungsrecht gemäß Absatz 4 Nummer 2 Buchstabe b zu, wenn der ihn als Auftragnehmer verpflichtende Vertrag (Hauptauftrag) gemäß Absatz 4 Nummer 2 Buchstabe b gekündigt wurde. [2]Entsprechendes gilt für jeden Auftraggeber der Nachunternehmerkette, sofern sein jeweiliger Auftraggeber den Vertrag gemäß Satz 1 gekündigt hat.

(6) Die Kündigung ist schriftlich zu erklären.

(7) Der Auftragnehmer kann Aufmaß und Abnahme der von ihm ausgeführten Leistungen alsbald nach der Kündigung verlangen; er hat unverzüglich eine prüfbare Rechnung über die ausgeführten Leistungen vorzulegen.

(8) Eine wegen Verzugs verwirkte, nach Zeit bemessene Vertragsstrafe kann nur für die Zeit bis zum Tag der Kündigung des Vertrags gefordert werden.

§ 9 VOB/B Kündigung durch den Auftragnehmer

(1) Der Auftragnehmer kann den Vertrag kündigen:

1. wenn der Auftraggeber eine ihm obliegende Handlung unterlässt und dadurch den Auftragnehmer außerstande setzt, die Leistung auszuführen (Annahmeverzug nach §§ 293 ff. BGB),
2. wenn der Auftraggeber eine fällige Zahlung nicht leistet oder sonst in Schuldnerverzug gerät.

(2) [1]Die Kündigung ist schriftlich zu erklären. [2]Sie ist erst zulässig, wenn der Auftragnehmer dem Auftraggeber ohne Erfolg eine angemessene Frist zur Vertragserfüllung gesetzt und erklärt hat, dass er nach fruchtlosem Ablauf der Frist den Vertrag kündigen werde.

(3) [1]Die bisherigen Leistungen sind nach den Vertragspreisen abzurechnen. [2]Außerdem hat der Auftragnehmer Anspruch auf angemessene Entschädigung nach § 642 BGB; etwaige weitergehende Ansprüche des Auftragnehmers bleiben unberührt.

2.7 Sicherheiten

Im Rahmen eines Bauprojekts bestehen viele Risiken für beide Vertragsparteien. Es ist möglich, dass die Bauleistung mangelhaft oder verspätet ausgeführt wird, oder eine Vertragspartei insolvent wird oder eine andere Störung des Vertragsverhältnisses entsteht. Daher besteht ein Interesse beider Parteien sich abzusichern.

Es existieren Sicherungsrechte für den Auftragnehmer und Sicherungsrechte für den Auftraggeber. (s. Abb. 2.13)

Daneben besteht die Möglichkeit von Versicherungen.

2.7.1 Sicherungsrechte für den Auftragnehmer

Durch das neue Gesetz zum Bauvertragsrecht vom 01.01.2018 haben sich die Vorschriften für die Sicherheiten nicht geändert. Es wurden lediglich die Nummern der Paragraphen verschoben.

Statt unter §§ 648 und 648a BGB sind die Bauhandwerksicherungshypothek und die Bauhandwerkersicherungsbürgschaft jetzt unter §§ 650e und 650f BGB geregelt.

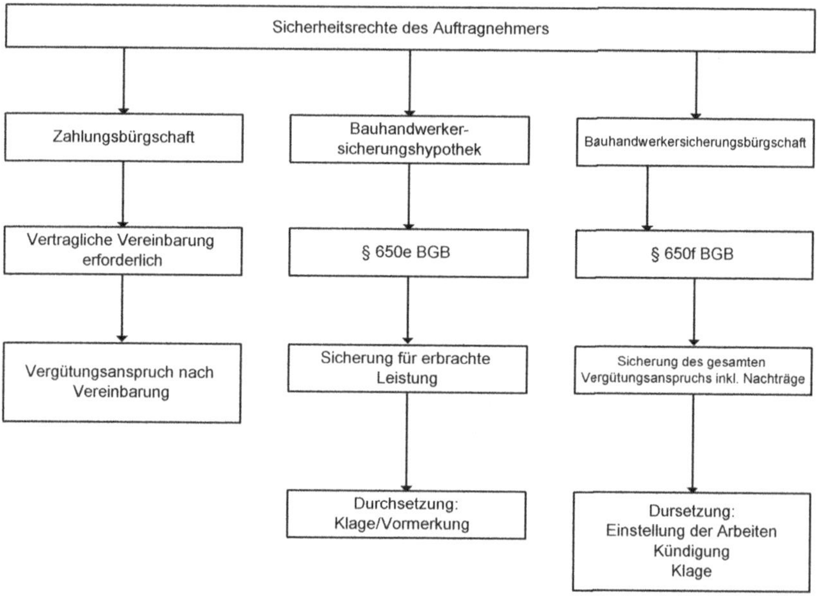

Abb. 2.13 Sicherheitsrechte des Auftragnehmers

In §§ 650e und 650f BGB heißt es wörtlich:

§ 650e BGB Sicherungshypothek des Bauunternehmers
Der Unternehmer kann für seine Forderungen aus dem Vertrag die Einräumung einer Sicherungshypothek an dem Baugrundstück des Bestellers verlangen. Ist das Werk noch nicht vollendet, so kann er die Einräumung der Sicherungshypothek für einen der geleisteten Arbeit entsprechenden Teil der Vergütung und für die in der Vergütung nicht inbegriffenen Auslagen verlangen.

§ 650f Bauhandwerkersicherung
(1) Der **Unternehmer kann vom Besteller Sicherheit für die auch in Zusatzaufträgen vereinbarte und noch nicht gezahlte Vergütung einschließlich dazugehöriger Nebenforderungen, die mit 10 Prozent des zu sichernden Vergütungsanspruchs anzusetzen sind, verlangen.** Satz 1 gilt in demselben Umfang auch für Ansprüche, die an die Stelle der Vergütung treten. Der Anspruch des Unternehmers auf Sicherheit wird nicht dadurch

ausgeschlossen, dass der Besteller Erfüllung verlangen kann oder das Werk abgenommen hat. Ansprüche, mit denen der Besteller gegen den Anspruch des Unternehmers auf Vergütung aufrechnen kann, bleiben bei der Berechnung der Vergütung unberücksichtigt, es sei denn, sie sind unstreitig oder rechtskräftig festgestellt. Die Sicherheit ist auch dann als ausreichend anzusehen, wenn sich der Sicherungsgeber das Recht vorbehält, sein Versprechen im Falle einer wesentlichen Verschlechterung der Vermögensverhältnisse des Bestellers mit Wirkung für Vergütungsansprüche aus Bauleistungen zu widerrufen, die der Unternehmer bei Zugang der Widerrufserklärung noch nicht erbracht hat.

(2) Die Sicherheit kann auch durch eine Garantie oder ein sonstiges Zahlungsversprechen eines im Geltungsbereich dieses Gesetzes zum Geschäftsbetrieb befugten Kreditinstituts oder Kreditversicherers **(Bürgschaft)** geleistet werden. Das Kreditinstitut oder der Kreditversicherer darf Zahlungen an den Unternehmer nur leisten, soweit der Besteller den Vergütungsanspruch des Unternehmers anerkennt oder durch vorläufig vollstreckbares Urteil zur Zahlung der Vergütung verurteilt worden ist und die Voraussetzungen vorliegen, unter denen die Zwangsvollstreckung begonnen werden darf.

(3) Der Unternehmer hat dem Besteller die üblichen Kosten der Sicherheitsleistung bis zu einem Höchstsatz von 2 Prozent für das Jahr zu erstatten. Dies gilt nicht, soweit eine Sicherheit wegen Einwendungen des Bestellers gegen den Vergütungsanspruch des Unternehmers aufrechterhalten werden muss und die Einwendungen sich als unbegründet erweisen.

(4) Soweit der Unternehmer für seinen Vergütungsanspruch eine Sicherheit nach Absatz 1 oder 2 erlangt hat, ist der Anspruch auf Einräumung einer Sicherungshypothek nach § 650e ausgeschlossen.

(5) Hat der Unternehmer dem Besteller erfolglos eine angemessene Frist zur Leistung der Sicherheit nach Absatz 1 bestimmt, so kann der Unternehmer die Leistung verweigern oder den Vertrag kündigen. Kündigt er den Vertrag, ist der Unternehmer berechtigt, die vereinbarte Vergütung zu verlangen; er muss sich jedoch dasjenige anrechnen lassen, was er infolge der Aufhebung des Vertrages an Aufwendungen erspart oder durch anderweitige Verwendung seiner Arbeitskraft erwirbt oder böswillig zu erwerben unterlässt. Es wird vermutet, dass danach dem Unternehmer 5 Prozent der auf den noch nicht erbrachten Teil der Werkleistung entfallenden vereinbarten Vergütung zustehen.

(6) Die Absätze 1 bis 5 finden keine Anwendung, wenn der Besteller

1. eine juristische Person des öffentlichen Rechts oder ein öffentlich-rechtliches Sondervermögen ist, über deren Vermögen ein Insolvenzverfahren unzulässig ist, oder
2. Verbraucher ist und es sich um einen Verbraucherbauvertrag nach § 650i oder um einen Bauträgervertrag nach § 650u handelt.

Satz 1 Nummer 2 gilt nicht bei Betreuung des Bauvorhabens durch einen zur Verfügung über die Finanzierungsmittel des Bestellers ermächtigten Baubetreuer.

(7) Eine von den Absätzen 1 bis 5 abweichende Vereinbarung ist unwirksam.

Nach § 650e BGB (Bauhandwerkersicherungshypothek) kann der Unternehmer für seine Forderungen aus dem Vertrag für die bereits geleisteten Arbeiten die Einräumung einer Sicherungshypothek an dem Baugrundstück des Bestellers verlangen.

Dieses Recht richtet sich also „nur" auf die Sicherung der Vergütung für bereits geleistete Arbeiten. Der Unternehmer wird durch diese Vorschrift nicht von seiner Vorleistungspflicht befreit; anders als die Bauhandwerkssicherungsbürgschaft nach § 650f BGB. Hiernach erhält der Unternehmer eine Sicherheit auch für die Vergütung für die noch nicht geleisteten Arbeiten.

Bei der Bauhandwerkersicherungshypothek nach § 650e BGB wird zudem vorausgesetzt, dass der Besteller der Bauleistung – also der Vertragspartner des Unternehmers - auch gleichzeitig Eigentümer des Baugrundstücks ist. Damit kann das Sicherungsrecht des Unternehmers einfach dadurch unterlaufen werden, dass der Besteller der Bauleistung nicht der Eigentümer des Baugrundstücks ist, in dem z. B. das Eigentum am Baugrundstück auf eine Projektgesellschaft übertragen wird.

Die beiden Sicherungsrechte nach §§ 650e und 650f BGB sind Sicherungsrechte zugunsten des Auftragnehmers. In diesen Rechten soll die Durchsetzung des Vergütungsanspruchs des Unternehmers geschützt bzw. verbessert werden.

2.7.2 Sicherungsrechte für Auftraggeber

Neben diesen Sicherungsrechten des Unternehmers gibt es noch Sicherungsrechte für den Besteller; dazu gehören vor allem die „Vertragserfüllungsbürgschaft" und die „Gewährleistungsbürgschaft", aber auch die „Vorauszahlungsbürgschaft" Abb. 2.14.

Im Rahmen der Vereinbarung der **Vertragserfüllungsbürgschaft** verpflichtet sich der Auftragnehmer gegenüber dem Auftraggeber im Bauvertrag diesem eine

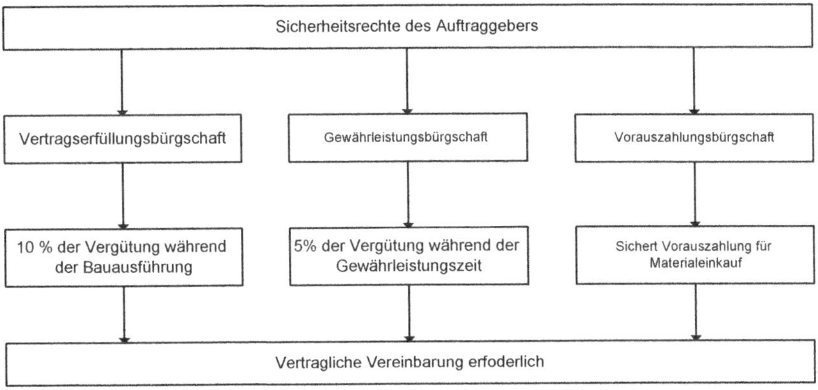

Abb. 2.14 Sicherheitsrechte des Auftraggebers

Bürgschaft seiner Bank zu übergeben, in dem die Bank sich gegenüber dem Auftraggeber verpflichtet, für den Fall der mangelhaften Vertragserfüllung (mangelhafte Bauleistung) während der Vertragserfüllung bis zur Abnahme durch den Auftragnehmer dem Auftraggeber alle Schäden bis zu einem Höchstbetrag von 10 % der Vergütung zu erstatten.

Im Rahmen der Vereinbarung der **Gewährleistungsbürgschaft** verpflichtet sich der Auftragnehmer gegenüber dem Auftraggeber im Bauvertrag diesem eine Bürgschaft seiner Bank zu übergeben, in dem die Bank sich gegenüber dem Auftraggeber verpflichtet, für den Fall der mangelhaften Vertragserfüllung (mangelhafte Bauleistung) durch den Auftragnehmer in der Gewährleistungszeit nach der Abnahme der Bauleistung dem Auftraggeber alle Schäden bis zu einem Höchstbetrag von 5 % der Vergütung zu erstatten.

In der Regel wird die Vertragserfüllungsbürgschaft gegen die Gewährleistungsbürgschaft bei der Abnahme des Bauwerks „Zug-um-Zug" ausgetauscht.

Die Gewährleistungsbürgschaft bleibt bis zum Ende der Gewährleistungszeit – 5 Jahre nach BGB und 4 Jahre nach VOB/B – bestehen und muss dann vom Besteller zurückgegeben werden.

Als weiteres Sicherungsrecht existiert noch die sog. **„Vorauszahlungsbürgschaft".** Die Vorauszahlungsbürgschaft wird vereinbart, wenn der Auftragnehmer vom Besteller einer Vorauszahlung erhält, z. B. für den Kauf von Baumaterialien. Der Unternehmer verpflichtet sich gegenüber dem Auftraggeber diesem eine Bürgschaft seiner Bank zu übergeben, in dem die Bank sich gegenüber dem Auftraggeber verpflichtet, für den Fall der nicht ordnungsgemäßen Verwendung der

Vorauszahlung dem Auftraggeber die Vorauszahlung zurück zu erstatten. In der Regel wird die Vorauszahlung mit späteren Abschlagsrechnungen verrechnet bis die Vorauszahlung aufgebraucht ist. Sobald die Vorauszahlung verrechnet wurde, ist die Vorauszahlungsbürgschaft zurück zu geben.

Sofern und soweit die Anwendung der VOB/B vereinbart wurde, gilt § 17 VOB/B. Die Anwendung des § 17 VOB/B setzt weiter voraus, dass überhaupt eine Sicherheitsleistung vereinbart wurde.

In § 17 VOB/B heißt es:

§ 17 VOB/B Sicherheitsleistung

(1) 1. Wenn Sicherheitsleistung vereinbart ist, gelten die §§ 232 bis 240 BGB, soweit sich aus den nachstehenden Bestimmungen nichts anderes ergibt.

2. Die Sicherheit dient dazu, die vertragsgemäße Ausführung der Leistung und die Mängelansprüche sicherzustellen.

(2) Wenn im Vertrag nichts anderes vereinbart ist, kann Sicherheit durch Einbehalt oder Hinterlegung von Geld oder durch Bürgschaft eines Kreditinstituts oder Kreditversicherers geleistet werden, sofern das Kreditinstitut oder der Kreditversicherer

1. in der Europäischen Gemeinschaft oder
2. in einem Staat der Vertragsparteien des Abkommens über den Europäischen Wirtschaftsraum oder
3. in einem Staat der Vertragsparteien des WTO-Übereinkommens über das öffentliche Beschaffungswesen

zugelassen ist.

(3) Der Auftragnehmer hat die Wahl unter den verschiedenen Arten der Sicherheit; er kann eine Sicherheit durch eine andere ersetzen.

(4) [1]Bei Sicherheitsleistung durch Bürgschaft ist Voraussetzung, dass der Auftraggeber den Bürgen als tauglich anerkannt hat. [2]Die Bürgschaftserklärung ist schriftlich unter Verzicht auf die Einrede der Vorausklage abzugeben (§ 771 BGB); sie darf nicht auf bestimmte Zeit begrenzt und muss nach Vorschrift des Auftraggebers ausgestellt sein. [3]Der Auftraggeber kann als Sicherheit keine Bürgschaft fordern, die den Bürgen zur Zahlung auf erstes Anfordern verpflichtet.

(5) [1]Wird Sicherheit durch Hinterlegung von Geld geleistet, so hat der Auftragnehmer den Betrag bei einem zu vereinbarenden Geldinstitut auf ein Sperrkonto einzuzahlen, über das beide nur gemeinsam verfügen können ("Und-Konto"). [2]Etwaige Zinsen stehen dem Auftragnehmer zu.

(6) 1. [1]Soll der Auftraggeber vereinbarungsgemäß die Sicherheit in Teilbeträgen von seinen Zahlungen einbehalten, so darf er jeweils die Zahlung um höchstens 10 v. H. kürzen, bis die vereinbarte Sicherheitssumme erreicht ist. [2]Sofern Rechnungen ohne Umsatzsteuer gemäß § 13 b UStG gestellt werden, bleibt die Umsatzsteuer bei der Berechnung des Sicherheitseinbehalts unberücksichtigt. [3]Den jeweils einbehaltenen Betrag hat er dem Auftragnehmer mitzuteilen und binnen 18 Werktagen nach dieser Mitteilung auf ein Sperrkonto bei dem vereinbarten Geldinstitut einzuzahlen. [4]Gleichzeitig muss er veranlassen, dass dieses Geldinstitut den Auftragnehmer von der Einzahlung des Sicherheitsbetrags benachrichtigt. [5]Absatz 5 gilt entsprechend.

2. Bei kleineren oder kurzfristigen Aufträgen ist es zulässig, dass der Auftraggeber den einbehaltenen Sicherheitsbetrag erst bei der Schlusszahlung auf ein Sperrkonto einzahlt.

3. [1]Zahlt der Auftraggeber den einbehaltenen Betrag nicht rechtzeitig ein, so kann ihm der Auftragnehmer hierfür eine angemessene Nachfrist setzen. [2]Lässt der Auftraggeber auch diese verstreichen, so kann der Auftragnehmer die sofortige Auszahlung des einbehaltenen Betrags verlangen und braucht dann keine Sicherheit mehr zu leisten.

4. Öffentliche Auftraggeber sind berechtigt, den als Sicherheit einbehaltenen Betrag auf eigenes Verwahrgeldkonto zu nehmen; der Betrag wird nicht verzinst.

(7) [1]Der Auftragnehmer hat die Sicherheit binnen 18 Werktagen nach Vertragsabschluss zu leisten, wenn nichts anderes vereinbart ist. [2]Soweit er diese Verpflichtung nicht erfüllt hat, ist der Auftraggeber berechtigt, vom Guthaben des Auftragnehmers einen Betrag in Höhe der vereinbarten Sicherheit einzubehalten. [3]Im Übrigen gelten die Absätze 5 und 6 außer Nummer 1 Satz 1 entsprechend.

(8) 1. [1]Der Auftraggeber hat eine nicht verwertete Sicherheit für die Vertragserfüllung zum vereinbarten Zeitpunkt, spätestens nach Abnahme und Stellung der Sicherheit für Mängelansprüche zurückzugeben, es sei denn, dass Ansprüche des Auftraggebers, die nicht von der gestellten Sicherheit

für Mängelansprüche umfasst sind, noch nicht erfüllt sind. [2]Dann darf er für diese Vertragserfüllungsansprüche einen entsprechenden Teil der Sicherheit zurückhalten.

2. [1]Der Auftraggeber hat eine nicht verwertete Sicherheit für Mängelansprüche nach Ablauf von 2 Jahren zurückzugeben, sofern kein anderer Rückgabezeitpunkt vereinbart worden ist. [2]Soweit jedoch zu diesem Zeitpunkt seine geltend gemachten Ansprüche noch nicht erfüllt sind, darf er einen entsprechenden Teil der Sicherheit zurückhalten.

Literatur

BGH NJW, 1983, 816, C.H.Beck, München

Der Verbraucherbauvertrag 3

Erstmalig wird seit dem 01.01.2018 der Verbraucherbauvertrag geregelt. Dies ist sehr zu begrüßen, weil in der Vergangenheit Verbraucher oft von Bauunternehmen übervorteilt worden sind.

Verbraucher ist nach § 13 BGB jede natürliche Person, die ein Rechtsgeschäft zu Zwecken abschließt, die überwiegend nicht ihrer beruflichen Tätigkeit zugerechnet werden können. Dagegen ist ein Unternehmer gemäß § 14 BGB eine natürliche oder juristische Person (z. B. GmbH, AG) oder eine rechtsfähige Personengesellschaft (z. B. GbR, OHG, KG) die bei Abschluss eines Rechtsgeschäfts in Ausübung ihrer gewerblichen oder selbständigen beruflichen Tätigkeit handelt.

Jede natürliche Person kann also Verbraucher sein, wenn sie nicht im Rahmen ihrer beruflichen Tätigkeit handelt.

Besonders hervorzuheben sind im Rahmen der Bauvertragsrechtsreform die Regelungen des § 650j und 650k BGB wonach dem Verbraucher eine Baubeschreibung vorzulegen ist, ansonsten gilt die vorvertraglich zur Verfügung gestellte Baubeschreibung.

Oft wurden dem Verbraucher keine „richtigen“ Pläne vorgelegt. Dies ist nun anders.

Nach § 650j BGB hat der Unternehmer den Verbraucher über die sich aus Artikel 249 des Einführungsgesetzes zum Bürgerlichen Gesetzbuche ergebenden Einzelheiten in der dort vorgesehenen Form zu unterrichten, es sei denn, der Verbraucher oder ein von ihm Beauftragter macht die wesentlichen Planungsvorgaben. Das heißt diese Pflicht besteht nicht, wenn ein Architekt die Pläne für den Verbraucher erstellt.

Nach § 650k BGB werden die Angaben der vorvertraglich dem Verbraucher zur Verfügung gestellten Baubeschreibung des Unternehmers in Bezug auf die Bauausführung Inhalt des Vertrags, es sei denn, die Vertragsparteien haben ausdrücklich

F. Würfele, A. Muchowski, *Das neue Bauvertragsrecht nach BGB kompakt*,
https://doi.org/10.1007/978-3-658-21555-2_3

etwas anderes vereinbart. Dies schützt den Verbraucher vor falschen Angaben in Prospekten über die Leistungsbeschreibung zum Bauvorhaben. Der Bauunternehmer muss jetzt damit rechnen, dass diese „falschen" Angaben und Versprechungen auch Bestandteil der Leistungsbeschreibung geworden sind. Dies schützt den Verbraucher sehr effektiv.

Zweifel bei der Auslegung des Vertrags bezüglich der vom Unternehmer geschuldeten Leistung gehen zu dessen Lasten. Damit muss sich der Verbraucher nicht mehr vorhalten lassen, dass diese und jene Leistungen nicht im Bausoll enthalten sind, weil die Leistungsbeschreibung nicht klar gefasst war. Auch diese Vorschrift schützt den Verbraucher effektiv.

Nachfolgend werden die Vorschriften abgedruckt.

§ 650i BGB Verbraucherbauvertrag

(1) Verbraucherbauverträge sind Verträge, durch die der Unternehmer von einem Verbraucher zum Bau eines neuen Gebäudes oder zu erheblichen Umbaumaßnahmen an einem bestehenden Gebäude verpflichtet wird.

(2) Der Verbraucherbauvertrag bedarf der Textform.

(3) Für Verbraucherbauverträge gelten ergänzend die folgenden Vorschriften dieses Kapitels.

§ 650j BGB Baubeschreibung

Der Unternehmer hat den Verbraucher über die sich aus Artikel 249 des Einführungsgesetzes zum Bürgerlichen Gesetzbuche ergebenden Einzelheiten in der dort vorgesehenen Form zu unterrichten, es sei denn, der Verbraucher oder ein von ihm Beauftragter macht die wesentlichen Planungsvorgaben.

Art 249 EGBGB § 1 Informationspflichten bei Verbraucherbauverträgen

Der Unternehmer ist nach § 650j des Bürgerlichen Gesetzbuchs verpflichtet, dem Verbraucher rechtzeitig vor Abgabe von dessen Vertragserklärung eine Baubeschreibung in Textform zur Verfügung zu stellen.

Art. 249 EGBGB § 2 Inhalt der Baubeschreibung

(1) In der Baubeschreibung sind die wesentlichen Eigenschaften des angebotenen Werks in klarer Weise darzustellen. Sie muss mindestens folgende Informationen enthalten:

1. allgemeine Beschreibung des herzustellenden Gebäudes oder der vorzunehmenden Umbauten, gegebenenfalls Haustyp und Bauweise,
2. Art und Umfang der angebotenen Leistungen, gegebenenfalls der Planung und der Bauleitung, der Arbeiten am Grundstück und der Baustelleneinrichtung sowie der Ausbaustufe,
3. Gebäudedaten, Pläne mit Raum- und Flächenangaben sowie Ansichten, Grundrisse und Schnitte,
4. gegebenenfalls Angaben zum Energie-, zum Brandschutz- und zum Schallschutzstandard sowie zur Bauphysik,
5. Angaben zur Beschreibung der Baukonstruktionen aller wesentlichen Gewerke,
6. gegebenenfalls Beschreibung des Innenausbaus,
7. gegebenenfalls Beschreibung der gebäudetechnischen Anlagen,
8. Angaben zu Qualitätsmerkmalen, denen das Gebäude oder der Umbau genügen muss,
9. gegebenenfalls Beschreibung der Sanitärobjekte, der Armaturen, der Elektroanlage, der Installationen, der Informationstechnologie und der Außenanlagen.

(2) Die Baubeschreibung hat verbindliche Angaben zum Zeitpunkt der Fertigstellung des Werks zu enthalten. Steht der Beginn der Baumaßnahme noch nicht fest, ist ihre Dauer anzugeben

Art 249 EGBGB § 3 Widerrufsbelehrung

(1) Steht dem Verbraucher ein Widerrufsrecht nach § 650l Satz 1 des Bürgerlichen Gesetzbuchs zu, ist der Unternehmer verpflichtet, den Verbraucher vor Abgabe von dessen Vertragserklärung in Textform über sein Widerrufsrecht zu belehren. Die Widerrufsbelehrung muss deutlich gestaltet sein und dem Verbraucher seine wesentlichen Rechte in einer an das benutzte Kommunikationsmittel angepassten Weise deutlich machen. Sie muss Folgendes enthalten:

1. einen Hinweis auf das Recht zum Widerruf,
2. einen Hinweis darauf, dass der Widerruf durch Erklärung gegenüber dem Unternehmer erfolgt und keiner Begründung bedarf,

3. den Namen, die ladungsfähige Anschrift und die Telefonnummer desjenigen, gegenüber dem der Widerruf zu erklären ist, gegebenenfalls seine Telefaxnummer und E-Mail-Adresse,
4. einen Hinweis auf die Dauer und den Beginn der Widerrufsfrist sowie darauf, dass zur Fristwahrung die rechtzeitige Absendung der Widerrufserklärung genügt, und
5. einen Hinweis darauf, dass der Verbraucher dem Unternehmer Wertersatz nach § 357d des Bürgerlichen Gesetzbuchs schuldet, wenn die Rückgewähr der bis zum Widerruf erbrachten Leistung ihrer Natur nach ausgeschlossen ist.

(2) Der Unternehmer kann seine Belehrungspflicht dadurch erfüllen, dass er dem Verbraucher das in Anlage 10 vorgesehene Muster für die Widerrufsbelehrung zutreffend ausgefüllt in Textform übermittelt.

§ 650k BGB Inhalt des Vertrags

(1) Die Angaben der vorvertraglich zur Verfügung gestellten Baubeschreibung in Bezug auf die Bauausführung werden Inhalt des Vertrags, es sei denn, die Vertragsparteien haben ausdrücklich etwas anderes vereinbart.

(2) Soweit die Baubeschreibung unvollständig oder unklar ist, ist der Vertrag unter Berücksichtigung sämtlicher vertragsbegleitender Umstände, insbesondere des Komfort- und Qualitätsstandards nach der übrigen Leistungsbeschreibung, auszulegen. Zweifel bei der Auslegung des Vertrags bezüglich der vom Unternehmer geschuldeten Leistung gehen zu dessen Lasten.

(3) Der Bauvertrag muss verbindliche Angaben zum Zeitpunkt der Fertigstellung des Werks oder, wenn dieser Zeitpunkt zum Zeitpunkt des Abschlusses des Bauvertrags nicht angegeben werden kann, zur Dauer der Bauausführung enthalten. Enthält der Vertrag diese Angaben nicht, werden die vorvertraglich in der Baubeschreibung übermittelten Angaben zum Zeitpunkt der Fertigstellung des Werks oder zur Dauer der Bauausführung Inhalt des Vertrags.

§ 650l BGB Widerrufsrecht

Dem Verbraucher steht ein Widerrufsrecht gemäß § 355 zu, es sei denn, der Vertrag wurde notariell beurkundet. Der Unternehmer ist verpflichtet, den Verbraucher nach Maßgabe des Artikels 249 § 3 des Einführungsgesetzes zum Bürgerlichen Gesetzbuche über sein Widerrufsrecht zu belehren.

§ 650m BGB Abschlagszahlungen; Absicherung des Vergütungsanspruchs
(1) Verlangt der Unternehmer Abschlagszahlungen nach § 632a, darf der Gesamtbetrag der Abschlagszahlungen 90 Prozent der vereinbarten Gesamtvergütung einschließlich der Vergütung für Nachtragsleistungen nach § 650c nicht übersteigen.

(2) Dem Verbraucher ist bei der ersten Abschlagszahlung eine Sicherheit für die rechtzeitige Herstellung des Werks ohne wesentliche Mängel in Höhe von 5 Prozent der vereinbarten Gesamtvergütung zu leisten. Erhöht sich der Vergütungsanspruch infolge einer Anordnung des Verbrauchers nach den §§ 650b und 650c oder infolge sonstiger Änderungen oder Ergänzungen des Vertrags um mehr als 10 Prozent, ist dem Verbraucher bei der nächsten Abschlagszahlung eine weitere Sicherheit in Höhe von 5 Prozent des zusätzlichen Vergütungsanspruchs zu leisten. Auf Verlangen des Unternehmers ist die Sicherheitsleistung durch Einbehalt dergestalt zu erbringen, dass der Verbraucher die Abschlagszahlungen bis zu dem Gesamtbetrag der geschuldeten Sicherheit zurückhält.

(3) Sicherheiten nach Absatz 2 können auch durch eine Garantie oder ein sonstiges Zahlungsversprechen eines im Geltungsbereich dieses Gesetzes zum Geschäftsbetrieb befugten Kreditinstituts oder Kreditversicherers geleistet werden.

(4) Verlangt der Unternehmer Abschlagszahlungen nach § 632a, ist eine Vereinbarung unwirksam, die den Verbraucher zu einer Sicherheitsleistung für die vereinbarte Vergütung verpflichtet, die die nächste Abschlagszahlung oder 20 Prozent der vereinbarten Vergütung übersteigt. Gleiches gilt, wenn die Parteien Abschlagszahlungen vereinbart haben.

§ 650n BGB Erstellung und Herausgabe von Unterlagen
(1) Rechtzeitig vor Beginn der Ausführung einer geschuldeten Leistung hat der Unternehmer diejenigen Planungsunterlagen zu erstellen und dem Verbraucher herauszugeben, die dieser benötigt, um gegenüber Behörden den Nachweis führen zu können, dass die Leistung unter Einhaltung der einschlägigen öffentlich-rechtlichen Vorschriften ausgeführt werden wird. Die Pflicht besteht nicht, soweit der Verbraucher oder ein von ihm Beauftragter die wesentlichen Planungsvorgaben erstellt.

(2) Spätestens mit der Fertigstellung des Werks hat der Unternehmer diejenigen Unterlagen zu erstellen und dem Verbraucher herauszugeben, die dieser benötigt, um gegenüber Behörden den Nachweis führen zu können, dass die

Leistung unter Einhaltung der einschlägigen öffentlich-rechtlichen Vorschriften ausgeführt worden ist.

(3) Die Absätze 1 und 2 gelten entsprechend, wenn ein Dritter, etwa ein Darlehensgeber, Nachweise für die Einhaltung bestimmter Bedingungen verlangt und wenn der Unternehmer die berechtigte Erwartung des Verbrauchers geweckt hat, diese Bedingungen einzuhalten.

Unabdingbarkeit
§ 650o BGB Abweichende Vereinbarungen
Von § 640 Absatz 2 Satz 2, den §§ 650i bis 650l und 650n kann nicht zum Nachteil des Verbrauchers abgewichen werden. Diese Vorschriften finden auch Anwendung, wenn sie durch anderweitige Gestaltungen umgangen werden.

4 Der Architektenvertrag

Erstmalig geregelt im BGB ist der Architektenvertrag mit Wirkung zum 01.01.2018.

Bisher gab es den Architektenvertrag natürlich auch schon als Vertragstyp, nur im BGB geregelt war er noch nicht.

Es stellt sich damit die Frage, wie konnte das Architektenrecht so lange ohne eine Regelung auskommen.[1] Die Antwort ist nicht ganz einfach. Letztendlich ist es der Praxis gelungen auf die Anforderungen einer gewünschten Änderung durch den Auftraggeber zu reagieren. Es dürfte kein Fall bekannt sein, in dem sich ein Architekt geweigert hat, eine Änderungsanordnung auszuführen. Fraglich blieb „lediglich", ob und welche Vergütung der Architekt hierfür beanspruchen konnte. Erstmals sichtbar wurde ein Änderungsrecht auf der Vergütungsebene. In der HOAI 2009 wurde der § 3 Abs. 2 HOAI eingefügt. Dort heißt es:

> Andere Leistungen, die durch eine Änderung des Leistungsziels, des Leistungsumfangs, einer Änderung des Leistungsablaufs oder anderer Anordnungen des Auftraggebers erforderlich werden, sind von den Leistungsbildern nicht erfasst und gesondert frei zu vereinbaren und zu vergüten.

Mit der HOAI-Novelle 2013 wurde der § 3 Abs. 2 HOAI aufgehoben und die Regelung wurde in § 10 HOAI 2013 verschoben und hat sich auch inhaltlich geändert.

§ 10 Berechnung des Honorars bei vertraglichen Änderungen des Leistungsumfangs

(1) Einigen sich Auftraggeber und Auftragnehmer während der Laufzeit des Vertrags darauf, dass der Umfang der beauftragten Leistung geändert wird, und

[1] Vgl. Voit (2018, S. 366 ff.)

F. Würfele, A. Muchowski, *Das neue Bauvertragsrecht nach BGB kompakt*,
https://doi.org/10.1007/978-3-658-21555-2_4

ändern sich dadurch die anrechenbaren Kosten oder Flächen, so ist die Honorarberechnungsgrundlage für die Grundleistungen, die infolge des veränderten Leistungsumfangs zu erbringen sind, durch schriftliche Vereinbarung anzupassen.

(2) Einigen sich Auftraggeber und Auftragnehmer über die Wiederholung von Grundleistungen, ohne dass sich dadurch die anrechenbaren Kosten oder Flächen ändern, ist das Honorar für diese Grundleistungen entsprechend ihrem Anteil an der jeweiligen Leistungsphase schriftlich zu vereinbaren.

Damit erhielt der Architekt ein Recht auf Vergütungsanpassung nur dann, wenn es ihm gelang eine schriftliche Einigung mit dem Auftraggeber zu erreichen. Ein Unterfangen, welches im Fall von bereits vorliegenden Streitigkeiten nahezu unmöglich war. Andererseits stand dem Auftraggeber formal kein Änderungsrecht zu. Damit steht fest: Diese Regelung ist sehr unbefriedigend und unzureichend.

Diese Rechtslage hat sich mit dem neuen Bauvertragsrecht vom 01.01.2018 grundlegend geändert. Dem Auftraggeber steht jetzt in § 650q Abs. 1 BGB i. V. m. § 650b BGB ein einseitiges Leistungsänderungsrecht zu. Es muss daher „nur noch“ mittels der HOAI die Vergütungsseite gelöst werden.

Problematisch war und ist: Wann ist von einer Änderung des Leistungsziels auszugehen. Im Unterschied zum Bauvertrag muss der Architekt durchaus verschiedene Varianten planen. *Voith* weist zu Recht darauf hin, dass im Architektenrecht die Schwelle zur Leistungsänderung erst überschritten ist, wenn die Grenze des ohnehin geschuldeten Planungssolls überschritten wird.[2] Die Frage der Überschreitung des Vertragssolls ist bereits im Baurecht in der Regel der Kernstreitpunkt. Im Architektenrecht ist diese Frage noch schwerer zu beantworten.

Die Schwierigkeit der Architektenleistung besteht darin sie zu beschreiben. Das Bauwerk ist noch nicht geplant. Es existieren nur die ersten Ideen des Bauherrn. Die Aufgabe des Architekten in der Planungsphase ist es, aus den Ideen des Bauherrn konkrete Pläne zu machen und eine solide Schätzung der Kosten zu berechnen.

Bisher hat sich die Praxis damit geholfen, die Grundleistungen der einzelnen Leistungsphasen der HOAI, Anlage 10, als Leistungen des Architekten zu vereinbaren. Dies wird auch in der Zukunft zu erwarten sein. Allerdings regelt jetzt § 650p Abs. 2 BGB, dass soweit wesentliche Planungs- und Überwachungsziele noch nicht vereinbart sind, der Unternehmer (Architekt) zunächst eine Planungsgrundlage zur Ermittlung dieser Ziele zu erstellen hat. Der Architekt legt dem Besteller die Planungsgrundlage zusammen mit einer Kosteneinschätzung für das Vorhaben zur Zustimmung vor. Dieser Prozess wird als „Zielfindungsphase“ bezeichnet.

---

[2] Voit (2018, S. 366 ff., 367).

Der Architekt wird also zunächst verpflichtet, eine Planungsgrundlage zu erstellen. Der Besteller kann dann diese Planungsgrundlage bewerten. Technisch dürfte dies den Leistungsphasen 1 und teilweise 2 entsprechen.

Nach Vorlage der Unterlagen gemäß § 650p Absatz 2 BGB kann der Besteller den Vertrag gemäß § 650r BGB kündigen. Dieses Sonderkündigungsrecht ist für beide Parteien sinnvoll. Es verhindert, dass ein Bauherr und ein Architekt, die sich nicht auf eine Planungsgrundlage einigen können, zu lange aneinander vertraglich gebunden sind. Eine solche gesetzliche „Zielfindungsphase“ (s. Abb. 4.1) erleichtert den Projektstart und wird allseits zu Recht befürwortet.

Eine weitere wichtige Neuerung ist das Anordnungsrecht des Auftraggebers für Leistungsänderungen gegenüber dem Architekten gemäß § 650q BGB i. V. m. § 650b BGB analog dem Anordnungsrecht des Auftraggebers beim Bauvertrag. Ein Verweis auf § 650c BGB für das korrespondierende Vergütungsrecht im Bauvertragsrecht wurde nicht vorgenommen, sondern stattdessen wurde in § 650q Abs. 2 BGB (anwendbare Vorschriften) auf die Anwendung der HOAI verwiesen. Dies ist konsequent so lange die HOAI noch in Kraft ist.

Neu ist auch der mögliche frühere Beginn der Mangelhaftungsfrist für den Architekten nach § 650s BGB (Teilabnahme) mit Fertigstellung der Bauleistung für die bis dahin erbrachten Leistungen des Architekten, wenn der Architekt die Teilabnahme verlangt.

Nach § 650t BGB kann der Architekt in Mangelhaftungsfällen aus einer Verletzung einer Pflicht gemäß Leistungsphase 8 (Objektüberwachung) – soweit als Leistungspflicht vereinbart - die Primär-Nacherfüllungspflicht des Bauunternehmers einwenden. Nimmt der Besteller/Auftraggeber den Architekten wegen eines Überwachungsfehlers in Anspruch, der zu einem Mangel an dem Bauwerk oder an der Außenanlage geführt hat, kann der Architekt die Leistung verweigern, wenn auch der ausführende Bauunternehmer für den Mangel haftet und der Besteller dem bauausführenden Unternehmer noch nicht erfolglos eine angemessene Frist zur Nacherfüllung bestimmt hat.

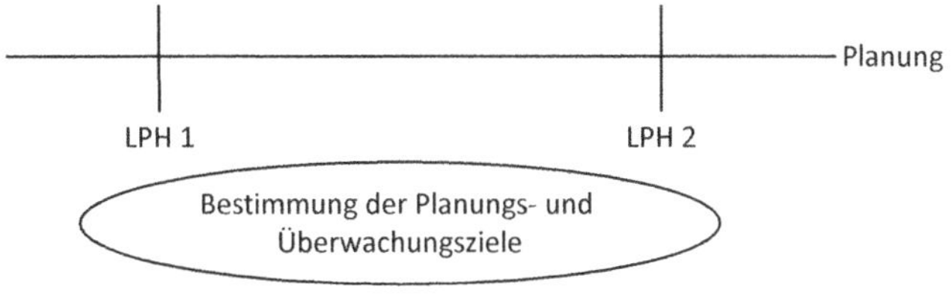

Abb. 4.1 Zeitliche Einordnung der Zielfindungsphase

Im Einzelnen gelten folgende Neuregelungen:

§ 650p BGB Vertragstypische Pflichten aus Architekten- und Ingenieurverträgen

(1) Durch einen Architekten- oder Ingenieurvertrag wird der Unternehmer verpflichtet, die Leistungen zu erbringen, die nach dem jeweiligen Stand der Planung und Ausführung des Bauwerks oder der Außenanlage erforderlich sind, um die zwischen den Parteien vereinbarten Planungs- und Überwachungsziele zu erreichen.

(2) Soweit wesentliche Planungs- und Überwachungsziele noch nicht vereinbart sind, hat der Unternehmer zunächst eine Planungsgrundlage zur Ermittlung dieser Ziele zu erstellen. Er legt dem Besteller die Planungsgrundlage zusammen mit einer Kosteneinschätzung für das Vorhaben zur Zustimmung vor.

§ 650q BGB Anwendbare Vorschriften

(1) Für Architekten- und Ingenieurverträge gelten die Vorschriften des Kapitels 1 des Untertitels 1 sowie die §§ 650b, 650e bis 650h entsprechend, soweit sich aus diesem Untertitel nichts anderes ergibt.

(2) Für die Vergütungsanpassung im Fall von Anordnungen nach § 650b Absatz 2 gelten die Entgeltberechnungsregeln der Honorarordnung für Architekten und Ingenieure in der jeweils geltenden Fassung, soweit infolge der Anordnung zu erbringende oder entfallende Leistungen vom Anwendungsbereich der Honorarordnung erfasst werden. Im Übrigen ist die Vergütungsanpassung für den vermehrten oder verminderten Aufwand auf Grund der angeordneten Leistung frei vereinbar. Soweit die Vertragsparteien keine Vereinbarung treffen, gilt § 650c entsprechend.

§ 650r BGB Sonderkündigungsrecht

(1) Nach Vorlage von Unterlagen gemäß § 650p Absatz 2 kann der Besteller den Vertrag kündigen. Das Kündigungsrecht erlischt zwei Wochen nach Vorlage der Unterlagen, bei einem Verbraucher jedoch nur dann, wenn der Unternehmer ihn bei der Vorlage der Unterlagen in Textform über das Kündigungsrecht, die Frist, in der es ausgeübt werden kann, und die Rechtsfolgen der Kündigung unterrichtet hat.

(2) Der Unternehmer kann dem Besteller eine angemessene Frist für die Zustimmung nach § 650p Absatz 2 Satz 2 setzen. Er kann den Vertrag kündigen, wenn

der Besteller die Zustimmung verweigert oder innerhalb der Frist nach Satz 1 keine Erklärung zu den Unterlagen abgibt.

(3) Wird der Vertrag nach Absatz 1 oder 2 gekündigt, ist der Unternehmer nur berechtigt, die Vergütung zu verlangen, die auf die bis zur Kündigung erbrachten Leistungen entfällt.

§ 650s BGB Teilabnahme
Der Unternehmer kann ab der Abnahme der letzten Leistung des bauausführenden Unternehmers oder der bauausführenden Unternehmer eine Teilabnahme der von ihm bis dahin erbrachten Leistungen verlangen.

§ 650t BGB Gesamtschuldnerische Haftung mit dem bauausführenden Unternehmer
Nimmt der Besteller den Unternehmer wegen eines Überwachungsfehlers in Anspruch, der zu einem Mangel an dem Bauwerk oder an der Außenanlage geführt hat, kann der Unternehmer die Leistung verweigern, wenn auch der ausführende Bauunternehmer für den Mangel haftet und der Besteller dem bauausführenden Unternehmer noch nicht erfolglos eine angemessene Frist zur Nacherfüllung bestimmt hat.

Literatur

W., Voit, W.; Honoraranpassungen bei Änderungsanordnungen, in BauR, Zeitschrift für das Baurecht, 2018, Seite 366 f., Werner Verlag, Neuwied

Anhang

BGB (Auszug)

Vertrag (§§ 145-157)

§ 145 Bindung an den Antrag

Wer einem anderen die Schließung eines Vertrags anträgt, ist an den Antrag gebunden, es sei denn, dass er die Gebundenheit ausgeschlossen hat.

§ 146 Erlöschen des Antrags

Der Antrag erlischt, wenn er dem Antragenden gegenüber abgelehnt oder wenn er nicht diesem gegenüber nach den §§ 147 bis 149 rechtzeitig angenommen wird.

§ 147 Annahmefrist

(1) [1]Der einem Anwesenden gemachte Antrag kann nur sofort angenommen werden. [2]Dies gilt auch von einem mittels Fernsprechers oder einer sonstigen technischen Einrichtung von Person zu Person gemachten Antrag.

(2) Der einem Abwesenden gemachte Antrag kann nur bis zu dem Zeitpunkt angenommen werden, in welchem der Antragende den Eingang der Antwort unter regelmäßigen Umständen erwarten darf.

§ 148 Bestimmung einer Annahmefrist

Hat der Antragende für die Annahme des Antrags eine Frist bestimmt, so kann die Annahme nur innerhalb der Frist erfolgen.

§ 149 Verspätet zugegangene Annahmeerklärung

[1]Ist eine dem Antragenden verspätet zugegangene Annahmeerklärung dergestalt abgesendet worden, dass sie bei regelmäßiger Beförderung ihm rechtzeitig

F. Würfele, A. Muchowski, *Das neue Bauvertragsrecht nach BGB kompakt*,
https://doi.org/10.1007/978-3-658-21555-2

zugegangen sein würde, und musste der Antragende dies erkennen, so hat er die Verspätung dem Annehmenden unverzüglich nach dem Empfang der Erklärung anzuzeigen, sofern es nicht schon vorher geschehen ist. [2]Verzögert er die Absendung der Anzeige, so gilt die Annahme als nicht verspätet.

§ 150 Verspätete und abändernde Annahme

(1) Die verspätete Annahme eines Antrags gilt als neuer Antrag.

(2) Eine Annahme unter Erweiterungen, Einschränkungen oder sonstigen Änderungen gilt als Ablehnung verbunden mit einem neuen Antrag.

§ 151 Annahme ohne Erklärung gegenüber dem Antragenden

[1]Der Vertrag kommt durch die Annahme des Antrags zustande, ohne dass die Annahme dem Antragenden gegenüber erklärt zu werden braucht, wenn eine solche Erklärung nach der Verkehrssitte nicht zu erwarten ist oder der Antragende auf sie verzichtet hat. [2]Der Zeitpunkt, in welchem der Antrag erlischt, bestimmt sich nach dem aus dem Antrag oder den Umständen zu entnehmenden Willen des Antragenden.

§ 152 Annahme bei notarieller Beurkundung

[1]Wird ein Vertrag notariell beurkundet, ohne dass beide Teile gleichzeitig anwesend sind, so kommt der Vertrag mit der nach § 128 erfolgten Beurkundung der Annahme zustande, wenn nicht ein anderes bestimmt ist. [2]Die Vorschrift des § 151 Satz 2 findet Anwendung.

§ 153 Tod oder Geschäftsunfähigkeit des Antragenden

Das Zustandekommen des Vertrags wird nicht dadurch gehindert, dass der Antragende vor der Annahme stirbt oder geschäftsunfähig wird, es sei denn, dass ein anderer Wille des Antragenden anzunehmen ist.

§ 154 Offener Einigungsmangel; fehlende Beurkundung

(1) [1]Solange nicht die Parteien sich über alle Punkte eines Vertrags geeinigt haben, über die nach der Erklärung auch nur einer Partei eine Vereinbarung getroffen werden soll, ist im Zweifel der Vertrag nicht geschlossen. [2]Die Verständigung über einzelne Punkte ist auch dann nicht bindend, wenn eine Aufzeichnung stattgefunden hat.

(2) Ist eine Beurkundung des beabsichtigten Vertrags verabredet worden, so ist im Zweifel der Vertrag nicht geschlossen, bis die Beurkundung erfolgt ist.

§ 155 Versteckter Einigungsmangel

Haben sich die Parteien bei einem Vertrag, den sie als geschlossen ansehen, über einen Punkt, über den eine Vereinbarung getroffen werden sollte, in Wirklichkeit nicht geeinigt, so gilt das Vereinbarte, sofern anzunehmen ist, dass der Vertrag auch ohne eine Bestimmung über diesen Punkt geschlossen sein würde.

§ 156 Vertragsschluss bei Versteigerung

[1]Bei einer Versteigerung kommt der Vertrag erst durch den Zuschlag zustande. [2]Ein Gebot erlischt, wenn ein Übergebot abgegeben oder die Versteigerung ohne Erteilung des Zuschlags geschlossen wird.

§ 157 Auslegung von Verträgen

Verträge sind so auszulegen, wie Treu und Glauben mit Rücksicht auf die Verkehrssitte es erfordern.

Verpflichtung zur Leistung (§§ 280-292)

§ 280 Schadensersatz wegen Pflichtverletzung

(1) [1]Verletzt der Schuldner eine Pflicht aus dem Schuldverhältnis, so kann der Gläubiger Ersatz des hierdurch entstehenden Schadens verlangen. [2]Dies gilt nicht, wenn der Schuldner die Pflichtverletzung nicht zu vertreten hat.

(2) Schadensersatz wegen Verzögerung der Leistung kann der Gläubiger nur unter der zusätzlichen Voraussetzung des § 286 verlangen.

(3) Schadensersatz statt der Leistung kann der Gläubiger nur unter den zusätzlichen Voraussetzungen des § 281, des § 282 oder des § 283 verlangen.

§ 281 Schadensersatz statt der Leistung wegen nicht oder nicht wie geschuldet erbrachter Leistung

(1) [1]Soweit der Schuldner die fällige Leistung nicht oder nicht wie geschuldet erbringt, kann der Gläubiger unter den Voraussetzungen des § 280 Abs. 1 Schadensersatz statt der Leistung verlangen, wenn er dem Schuldner erfolglos eine angemessene Frist zur Leistung oder Nacherfüllung bestimmt hat. [2]Hat der Schuldner eine Teilleistung bewirkt, so kann der Gläubiger Schadensersatz statt der ganzen Leistung nur verlangen, wenn er an der Teilleistung kein Interesse hat. [3]Hat der Schuldner die Leistung nicht wie geschuldet bewirkt, so kann der Gläubiger Schadensersatz statt der ganzen Leistung nicht verlangen, wenn die Pflichtverletzung unerheblich ist.

(2) Die Fristsetzung ist entbehrlich, wenn der Schuldner die Leistung ernsthaft und endgültig verweigert oder wenn besondere Umstände vorliegen, die unter Abwägung der beiderseitigen Interessen die sofortige Geltendmachung des Schadensersatzanspruchs rechtfertigen.

(3) Kommt nach der Art der Pflichtverletzung eine Fristsetzung nicht in Betracht, so tritt an deren Stelle eine Abmahnung.

(4) Der Anspruch auf die Leistung ist ausgeschlossen, sobald der Gläubiger statt der Leistung Schadensersatz verlangt hat.

(5) Verlangt der Gläubiger Schadensersatz statt der ganzen Leistung, so ist der Schuldner zur Rückforderung des Geleisteten nach den §§ 346 bis 348 berechtigt.

§ 282 Schadensersatz statt der Leistung wegen Verletzung einer Pflicht nach § 241 Abs. 2

Verletzt der Schuldner eine Pflicht nach § 241 Abs. 2, kann der Gläubiger unter den Voraussetzungen des § 280 Abs. 1 Schadensersatz statt der Leistung verlangen, wenn ihm die Leistung durch den Schuldner nicht mehr zuzumuten ist.

§ 283 Schadensersatz statt der Leistung bei Ausschluss der Leistungspflicht

[1]Braucht der Schuldner nach § 275 Abs. 1 bis 3 nicht zu leisten, kann der Gläubiger unter den Voraussetzungen des § 280 Abs. 1 Schadensersatz statt der Leistung verlangen. [2]§ 281 Abs. 1 Satz 2 und 3 und Abs. 5 findet entsprechende Anwendung.

§ 284 Ersatz vergeblicher Aufwendungen

Anstelle des Schadensersatzes statt der Leistung kann der Gläubiger Ersatz der Aufwendungen verlangen, die er im Vertrauen auf den Erhalt der Leistung gemacht hat und billigerweise machen durfte, es sei denn, deren Zweck wäre auch ohne die Pflichtverletzung des Schuldners nicht erreicht worden.

§ 285 Herausgabe des Ersatzes

(1) Erlangt der Schuldner infolge des Umstands, auf Grund dessen er die Leistung nach § 275 Abs. 1 bis 3 nicht zu erbringen braucht, für den geschuldeten Gegenstand einen Ersatz oder einen Ersatzanspruch, so kann der Gläubiger Herausgabe des als Ersatz Empfangenen oder Abtretung des Ersatzanspruchs verlangen.

(2) Kann der Gläubiger statt der Leistung Schadensersatz verlangen, so mindert sich dieser, wenn er von dem in Absatz 1 bestimmten Recht Gebrauch macht, um den Wert des erlangten Ersatzes oder Ersatzanspruchs.

§ 286 Verzug des Schuldners

(1) [1]Leistet der Schuldner auf eine Mahnung des Gläubigers nicht, die nach dem Eintritt der Fälligkeit erfolgt, so kommt er durch die Mahnung in Verzug. [2]Der Mahnung stehen die Erhebung der Klage auf die Leistung sowie die Zustellung eines Mahnbescheids im Mahnverfahren gleich.

(2) Der Mahnung bedarf es nicht, wenn

1. für die Leistung eine Zeit nach dem Kalender bestimmt ist,
2. der Leistung ein Ereignis vorauszugehen hat und eine angemessene Zeit für die Leistung in der Weise bestimmt ist, dass sie sich von dem Ereignis an nach dem Kalender berechnen lässt,
3. der Schuldner die Leistung ernsthaft und endgültig verweigert,
4. aus besonderen Gründen unter Abwägung der beiderseitigen Interessen der sofortige Eintritt des Verzugs gerechtfertigt ist.

(3) [1]Der Schuldner einer Entgeltforderung kommt spätestens in Verzug, wenn er nicht innerhalb von 30 Tagen nach Fälligkeit und Zugang einer Rechnung oder gleichwertigen Zahlungsaufstellung leistet; dies gilt gegenüber einem Schuldner, der Verbraucher ist, nur, wenn auf diese Folgen in der Rechnung oder Zahlungsaufstellung besonders hingewiesen worden ist. [2]Wenn der Zeitpunkt des Zugangs der Rechnung oder Zahlungsaufstellung unsicher ist, kommt der Schuldner, der nicht Verbraucher ist, spätestens 30 Tage nach Fälligkeit und Empfang der Gegenleistung in Verzug.

(4) Der Schuldner kommt nicht in Verzug, solange die Leistung infolge eines Umstands unterbleibt, den er nicht zu vertreten hat.

(5) Für eine von den Absätzen 1 bis 3 abweichende Vereinbarung über den Eintritt des Verzugs gilt § 271a Absatz 1 bis 5 entsprechend.

§ 287 Verantwortlichkeit während des Verzugs

[1]Der Schuldner hat während des Verzugs jede Fahrlässigkeit zu vertreten. [2]Er haftet wegen der Leistung auch für Zufall, es sei denn, dass der Schaden auch bei rechtzeitiger Leistung eingetreten sein würde.

§ 288 Verzugszinsen und sonstiger Verzugsschaden

(1) [1]Eine Geldschuld ist während des Verzugs zu verzinsen. [2]Der Verzugszinssatz beträgt für das Jahr fünf Prozentpunkte über dem Basiszinssatz.

(2) Bei Rechtsgeschäften, an denen ein Verbraucher nicht beteiligt ist, beträgt der Zinssatz für Entgeltforderungen neun Prozentpunkte über dem Basiszinssatz.

(3) Der Gläubiger kann aus einem anderen Rechtsgrund höhere Zinsen verlangen.

(4) Die Geltendmachung eines weiteren Schadens ist nicht ausgeschlossen.

(5) [1]Der Gläubiger einer Entgeltforderung hat bei Verzug des Schuldners, wenn dieser kein Verbraucher ist, außerdem einen Anspruch auf Zahlung einer Pauschale in Höhe von 40 Euro. [2]Dies gilt auch, wenn es sich bei der Entgeltforderung um eine Abschlagszahlung oder sonstige Ratenzahlung handelt. [3]Die Pauschale nach Satz 1 ist auf einen geschuldeten Schadensersatz anzurechnen, soweit der Schaden in Kosten der Rechtsverfolgung begründet ist.

(6) [1]Eine im Voraus getroffene Vereinbarung, die den Anspruch des Gläubigers einer Entgeltforderung auf Verzugszinsen ausschließt, ist unwirksam. [2]Gleiches gilt für eine Vereinbarung, die diesen Anspruch beschränkt oder den Anspruch des Gläubigers einer Entgeltforderung auf die Pauschale nach Absatz 5 oder auf Ersatz des Schadens, der in Kosten der Rechtsverfolgung begründet ist, ausschließt oder beschränkt, wenn sie im Hinblick auf die Belange des Gläubigers grob unbillig ist. [3]Eine Vereinbarung über den Ausschluss der Pauschale nach Absatz 5 oder des Ersatzes des Schadens, der in Kosten der Rechtsverfolgung begründet ist, ist im Zweifel als grob unbillig anzusehen. [4]Die Sätze 1 bis 3 sind nicht anzuwenden, wenn sich der Anspruch gegen einen Verbraucher richtet.

§ 289 Zinseszinsverbot

[1]Von Zinsen sind Verzugszinsen nicht zu entrichten. [2]Das Recht des Gläubigers auf Ersatz des durch den Verzug entstehenden Schadens bleibt unberührt.

§ 290 Verzinsung des Wertersatzes

[1]Ist der Schuldner zum Ersatz des Wertes eines Gegenstands verpflichtet, der während des Verzugs untergegangen ist oder aus einem während des Verzugs eingetretenen Grund nicht herausgegeben werden kann, so kann der Gläubiger Zinsen des zu ersetzenden Betrags von dem Zeitpunkt an verlangen, welcher der Bestimmung des Wertes zugrunde gelegt wird. [2]Das Gleiche gilt, wenn der Schuldner zum Ersatz der Minderung des Wertes eines während des Verzugs verschlechterten Gegenstands verpflichtet ist.

§ 291 Prozesszinsen

[1]Eine Geldschuld hat der Schuldner von dem Eintritt der Rechtshängigkeit an zu verzinsen, auch wenn er nicht im Verzug ist; wird die Schuld erst später fällig, so ist sie von der Fälligkeit an zu verzinsen. [2]Die Vorschriften des § 288 Abs. 1 Satz 2, Abs. 2, Abs. 3 und des § 289 Satz 1 finden entsprechende Anwendung.

§ 292 Haftung bei Herausgabepflicht

(1) Hat der Schuldner einen bestimmten Gegenstand herauszugeben, so bestimmt sich von dem Eintritt der Rechtshängigkeit an der Anspruch des Gläubigers auf Schadensersatz wegen Verschlechterung, Untergangs oder einer aus einem anderen Grunde eintretenden Unmöglichkeit der Herausgabe nach den Vorschriften, welche für das Verhältnis zwischen dem Eigentümer und dem Besitzer von dem Eintritt der Rechtshängigkeit des Eigentumsanspruchs an gelten, soweit nicht aus dem Schuldverhältnis oder dem Verzug des Schuldners sich zugunsten des Gläubigers ein anderes ergibt.

(2) Das Gleiche gilt von dem Anspruch des Gläubigers auf Herausgabe oder Vergütung von Nutzungen und von dem Anspruch des Schuldners auf Ersatz von Verwendungen.

Werkverträge und ähnliche Verträge (§§ 631-650)

§ 631 Vertragstypische Pflichten beim Werkvertrag

(1) Durch den Werkvertrag wird der Unternehmer zur Herstellung des versprochenen Werkes, der Besteller zur Entrichtung der vereinbarten Vergütung verpflichtet.

(2) Gegenstand des Werkvertrags kann sowohl die Herstellung oder Veränderung einer Sache als auch ein anderer durch Arbeit oder Dienstleistung herbeizuführender Erfolg sein.

§ 632 Vergütung

(1) Eine Vergütung gilt als stillschweigend vereinbart, wenn die Herstellung des Werkes den Umständen nach nur gegen eine Vergütung zu erwarten ist.

(2) Ist die Höhe der Vergütung nicht bestimmt, so ist bei dem Bestehen einer Taxe die taxmäßige Vergütung, in Ermangelung einer Taxe die übliche Vergütung als vereinbart anzusehen.

(3) Ein Kostenanschlag ist im Zweifel nicht zu vergüten.

§ 632a Abschlagszahlungen

(1) [1]Der Unternehmer kann von dem Besteller eine Abschlagszahlung in Höhe des Wertes der von ihm erbrachten und nach dem Vertrag geschuldeten Leistungen verlangen. [2]Sind die erbrachten Leistungen nicht vertragsgemäß, kann der Besteller die Zahlung eines angemessenen Teils des Abschlags verweigern. [3]Die Beweislast für die vertragsgemäße Leistung verbleibt bis zur Abnahme beim Unternehmer. [4]§ 641 Abs. 3 gilt entsprechend. [5]Die Leistungen sind durch eine Aufstellung nachzuweisen, die eine rasche und sichere Beurteilung der Leistungen ermöglichen muss. [6]Die Sätze 1 bis 5 gelten auch für erforderliche Stoffe oder Bauteile,

die angeliefert oder eigens angefertigt und bereitgestellt sind, wenn dem Besteller nach seiner Wahl Eigentum an den Stoffen oder Bauteilen übertragen oder entsprechende Sicherheit hierfür geleistet wird.

(2) Die Sicherheit nach Absatz 1 Satz 6 kann auch durch eine Garantie oder ein sonstiges Zahlungsversprechen eines im Geltungsbereich dieses Gesetzes zum Geschäftsbetrieb befugten Kreditinstituts oder Kreditversicherers geleistet werden.

§ 633 Sach- und Rechtsmangel

(1) Der Unternehmer hat dem Besteller das Werk frei von Sach- und Rechtsmängeln zu verschaffen.

(2) [1]Das Werk ist frei von Sachmängeln, wenn es die vereinbarte Beschaffenheit hat. [2]Soweit die Beschaffenheit nicht vereinbart ist, ist das Werk frei von Sachmängeln,

1. wenn es sich für die nach dem Vertrag vorausgesetzte, sonst
2. für die gewöhnliche Verwendung eignet und eine Beschaffenheit aufweist, die bei Werken der gleichen Art üblich ist und die der Besteller nach der Art des Werkes erwarten kann.

[3]Einem Sachmangel steht es gleich, wenn der Unternehmer ein anderes als das bestellte Werk oder das Werk in zu geringer Menge herstellt.

(3) Das Werk ist frei von Rechtsmängeln, wenn Dritte in Bezug auf das Werk keine oder nur die im Vertrag übernommenen Rechte gegen den Besteller geltend machen können.

§ 634 Rechte des Bestellers bei Mängeln

Ist das Werk mangelhaft, kann der Besteller, wenn die Voraussetzungen der folgenden Vorschriften vorliegen und soweit nicht ein anderes bestimmt ist,

1. nach § 635 Nacherfüllung verlangen,
2. nach § 637 den Mangel selbst beseitigen und Ersatz der erforderlichen Aufwendungen verlangen,
3. nach den §§ 636, 323 und 326 Abs. 5 von dem Vertrag zurücktreten oder nach § 638 die Vergütung mindern und
4. nach den §§ 636, 280, 281, 283 und 311a Schadensersatz oder nach § 284 Ersatz vergeblicher Aufwendungen verlangen.

§ 634a Verjährung der Mängelansprüche

(1) Die in § 634 Nr. 1, 2 und 4 bezeichneten Ansprüche verjähren

1. vorbehaltlich der Nummer 2 in zwei Jahren bei einem Werk, dessen Erfolg in der Herstellung, Wartung oder Veränderung einer Sache oder in der Erbringung von Planungs- oder Überwachungsleistungen hierfür besteht,
2. in fünf Jahren bei einem Bauwerk und einem Werk, dessen Erfolg in der Erbringung von Planungs- oder Überwachungsleistungen hierfür besteht, und
3. im Übrigen in der regelmäßigen Verjährungsfrist.

(2) Die Verjährung beginnt in den Fällen des Absatzes 1 Nr. 1 und 2 mit der Abnahme.

(3) [1]Abweichend von Absatz 1 Nr. 1 und 2 und Absatz 2 verjähren die Ansprüche in der regelmäßigen Verjährungsfrist, wenn der Unternehmer den Mangel arglistig verschwiegen hat. [2]Im Falle des Absatzes 1 Nr. 2 tritt die Verjährung jedoch nicht vor Ablauf der dort bestimmten Frist ein.

(4) [1]Für das in § 634 bezeichnete Rücktrittsrecht gilt § 218. [2]Der Besteller kann trotz einer Unwirksamkeit des Rücktritts nach § 218 Abs. 1 die Zahlung der Vergütung insoweit verweigern, als er auf Grund des Rücktritts dazu berechtigt sein würde. [3]Macht er von diesem Recht Gebrauch, kann der Unternehmer vom Vertrag zurücktreten.

(5) Auf das in § 634 bezeichnete Minderungsrecht finden § 218 und Absatz 4 Satz 2 entsprechende Anwendung.

§ 635 Nacherfüllung

(1) Verlangt der Besteller Nacherfüllung, so kann der Unternehmer nach seiner Wahl den Mangel beseitigen oder ein neues Werk herstellen.

(2) Der Unternehmer hat die zum Zwecke der Nacherfüllung erforderlichen Aufwendungen, insbesondere Transport-, Wege-, Arbeits- und Materialkosten zu tragen.

(3) Der Unternehmer kann die Nacherfüllung unbeschadet des § 275 Abs. 2 und 3 verweigern, wenn sie nur mit unverhältnismäßigen Kosten möglich ist.

(4) Stellt der Unternehmer ein neues Werk her, so kann er vom Besteller Rückgewähr des mangelhaften Werkes nach Maßgabe der §§ 346 bis 348 verlangen.

§ 636 Besondere Bestimmungen für Rücktritt und Schadensersatz

Außer in den Fällen der §§ 281 Abs. 2 und 323 Abs. 2 bedarf es der Fristsetzung auch dann nicht, wenn der Unternehmer die Nacherfüllung gemäß § 635 Abs. 3 verweigert oder wenn die Nacherfüllung fehlgeschlagen oder dem Besteller unzumutbar ist.

§ 637 Selbstvornahme

(1) Der Besteller kann wegen eines Mangels des Werkes nach erfolglosem Ablauf einer von ihm zur Nacherfüllung bestimmten angemessenen Frist den Mangel selbst beseitigen und Ersatz der erforderlichen Aufwendungen verlangen, wenn nicht der Unternehmer die Nacherfüllung zu Recht verweigert.

(2) [1]§ 323 Abs. 2 findet entsprechende Anwendung. [2]Der Bestimmung einer Frist bedarf es auch dann nicht, wenn die Nacherfüllung fehlgeschlagen oder dem Besteller unzumutbar ist.

(3) Der Besteller kann von dem Unternehmer für die zur Beseitigung des Mangels erforderlichen Aufwendungen Vorschuss verlangen.

§ 638 Minderung

(1) [1]Statt zurückzutreten, kann der Besteller die Vergütung durch Erklärung gegenüber dem Unternehmer mindern. [2]Der Ausschlussgrund des § 323 Abs. 5 Satz 2 findet keine Anwendung.

(2) Sind auf der Seite des Bestellers oder auf der Seite des Unternehmers mehrere beteiligt, so kann die Minderung nur von allen oder gegen alle erklärt werden.

(3) [1]Bei der Minderung ist die Vergütung in dem Verhältnis herabzusetzen, in welchem zur Zeit des Vertragsschlusses der Wert des Werkes in mangelfreiem Zustand zu dem wirklichen Wert gestanden haben würde. [2]Die Minderung ist, soweit erforderlich, durch Schätzung zu ermitteln.

(4) [1]Hat der Besteller mehr als die geminderte Vergütung gezahlt, so ist der Mehrbetrag vom Unternehmer zu erstatten. [2]§ 346 Abs. 1 und § 347 Abs. 1 finden entsprechende Anwendung.

§ 639 Haftungsausschluss

Auf eine Vereinbarung, durch welche die Rechte des Bestellers wegen eines Mangels ausgeschlossen oder beschränkt werden, kann sich der Unternehmer nicht berufen, soweit er den Mangel arglistig verschwiegen oder eine Garantie für die Beschaffenheit des Werkes übernommen hat.

§ 640 Abnahme

(1) [1]Der Besteller ist verpflichtet, das vertragsmäßig hergestellte Werk abzunehmen, sofern nicht nach der Beschaffenheit des Werkes die Abnahme ausgeschlossen ist. [2]Wegen unwesentlicher Mängel kann die Abnahme nicht verweigert werden.

(2) [1]Als abgenommen gilt ein Werk auch, wenn der Unternehmer dem Besteller nach Fertigstellung des Werks eine angemessene Frist zur Abnahme gesetzt hat und der Besteller die Abnahme nicht innerhalb dieser Frist unter Angabe mindestens eines Mangels verweigert hat. [2]Ist der Besteller ein Verbraucher, so treten

die Rechtsfolgen des Satzes 1 nur dann ein, wenn der Unternehmer den Besteller zusammen mit der Aufforderung zur Abnahme auf die Folgen einer nicht erklärten oder ohne Angabe von Mängeln verweigerten Abnahme hingewiesen hat; der Hinweis muss in Textform erfolgen.

(3) Nimmt der Besteller ein mangelhaftes Werk gemäß Absatz 1 Satz 1 ab, obschon er den Mangel kennt, so stehen ihm die in § 634 Nr. 1 bis 3 bezeichneten Rechte nur zu, wenn er sich seine Rechte wegen des Mangels bei der Abnahme vorbehält.

§ 641 Fälligkeit der Vergütung

(1) [1]Die Vergütung ist bei der Abnahme des Werkes zu entrichten. [2]Ist das Werk in Teilen abzunehmen und die Vergütung für die einzelnen Teile bestimmt, so ist die Vergütung für jeden Teil bei dessen Abnahme zu entrichten.

(2) [1]Die Vergütung des Unternehmers für ein Werk, dessen Herstellung der Besteller einem Dritten versprochen hat, wird spätestens fällig,

1. soweit der Besteller von dem Dritten für das versprochene Werk wegen dessen Herstellung seine Vergütung oder Teile davon erhalten hat,
2. soweit das Werk des Bestellers von dem Dritten abgenommen worden ist oder als abgenommen gilt oder
3. wenn der Unternehmer dem Besteller erfolglos eine angemessene Frist zur Auskunft über die in den Nummern 1 und 2 bezeichneten Umstände bestimmt hat.

[2]Hat der Besteller dem Dritten wegen möglicher Mängel des Werks Sicherheit geleistet, gilt Satz 1 nur, wenn der Unternehmer dem Besteller entsprechende Sicherheit leistet.

(3) Kann der Besteller die Beseitigung eines Mangels verlangen, so kann er nach der Fälligkeit die Zahlung eines angemessenen Teils der Vergütung verweigern; angemessen ist in der Regel das Doppelte der für die Beseitigung des Mangels erforderlichen Kosten.

(4) Eine in Geld festgesetzte Vergütung hat der Besteller von der Abnahme des Werkes an zu verzinsen, sofern nicht die Vergütung gestundet ist.

§ 641a

(weggefallen)

§ 642 Mitwirkung des Bestellers

(1) Ist bei der Herstellung des Werkes eine Handlung des Bestellers erforderlich, so kann der Unternehmer, wenn der Besteller durch das Unterlassen der Handlung in Verzug der Annahme kommt, eine angemessene Entschädigung verlangen.

(2) Die Höhe der Entschädigung bestimmt sich einerseits nach der Dauer des Verzugs und der Höhe der vereinbarten Vergütung, andererseits nach demjenigen, was der Unternehmer infolge des Verzugs an Aufwendungen erspart oder durch anderweitige Verwendung seiner Arbeitskraft erwerben kann.

§ 643 Kündigung bei unterlassener Mitwirkung

[1]Der Unternehmer ist im Falle des § 642 berechtigt, dem Besteller zur Nachholung der Handlung eine angemessene Frist mit der Erklärung zu bestimmen, dass er den Vertrag kündige, wenn die Handlung nicht bis zum Ablauf der Frist vorgenommen werde. [2]Der Vertrag gilt als aufgehoben, wenn nicht die Nachholung bis zum Ablauf der Frist erfolgt.

§ 644 Gefahrtragung

(1) [1]Der Unternehmer trägt die Gefahr bis zur Abnahme des Werkes. [2]Kommt der Besteller in Verzug der Annahme, so geht die Gefahr auf ihn über. [3]Für den zufälligen Untergang und eine zufällige Verschlechterung des von dem Besteller gelieferten Stoffes ist der Unternehmer nicht verantwortlich.

(2) Versendet der Unternehmer das Werk auf Verlangen des Bestellers nach einem anderen Ort als dem Erfüllungsort, so findet die für den Kauf geltende Vorschrift des § 447 entsprechende Anwendung.

§ 645 Verantwortlichkeit des Bestellers

(1) [1]Ist das Werk vor der Abnahme infolge eines Mangels des von dem Besteller gelieferten Stoffes oder infolge einer von dem Besteller für die Ausführung erteilten Anweisung untergegangen, verschlechtert oder unausführbar geworden, ohne dass ein Umstand mitgewirkt hat, den der Unternehmer zu vertreten hat, so kann der Unternehmer einen der geleisteten Arbeit entsprechenden Teil der Vergütung und Ersatz der in der Vergütung nicht inbegriffenen Auslagen verlangen. [2]Das Gleiche gilt, wenn der Vertrag in Gemäßheit des § 643 aufgehoben wird.

(2) Eine weitergehende Haftung des Bestellers wegen Verschuldens bleibt unberührt.

§ 646 Vollendung statt Abnahme

Ist nach der Beschaffenheit des Werkes die Abnahme ausgeschlossen, so tritt in den Fällen des § 634a Abs. 2 und der §§ 641, 644 und 645 an die Stelle der Abnahme die Vollendung des Werkes.

§ 647 Unternehmerpfandrecht

Der Unternehmer hat für seine Forderungen aus dem Vertrag ein Pfandrecht an den von ihm hergestellten oder ausgebesserten beweglichen Sachen des Bestellers, wenn sie bei der Herstellung oder zum Zwecke der Ausbesserung in seinen Besitz gelangt sind.

§ 647a Sicherungshypothek des Inhabers einer Schiffswerft

[1]Der Inhaber einer Schiffswerft kann für seine Forderungen aus dem Bau oder der Ausbesserung eines Schiffes die Einräumung einer Schiffshypothek an dem Schiffsbauwerk oder dem Schiff des Bestellers verlangen. [2]Ist das Werk noch nicht vollendet, so kann er die Einräumung der Schiffshypothek für einen der geleisteten Arbeit entsprechenden Teil der Vergütung und für die in der Vergütung nicht inbegriffenen Auslagen verlangen. [3]§ 647 findet keine Anwendung.

§ 648 Kündigungsrecht des Bestellers

[1]Der Besteller kann bis zur Vollendung des Werkes jederzeit den Vertrag kündigen. [2]Kündigt der Besteller, so ist der Unternehmer berechtigt, die vereinbarte Vergütung zu verlangen; er muss sich jedoch dasjenige anrechnen lassen, was er infolge der Aufhebung des Vertrags an Aufwendungen erspart oder durch anderweitige Verwendung seiner Arbeitskraft erwirbt oder zu erwerben böswillig unterlässt. [3]Es wird vermutet, dass danach dem Unternehmer 5 vom Hundert der auf den noch nicht erbrachten Teil der Werkleistung entfallenden vereinbarten Vergütung zustehen.

§ 648a Kündigung aus wichtigem Grund

(1) [1]Beide Vertragsparteien können den Vertrag aus wichtigem Grund ohne Einhaltung einer Kündigungsfrist kündigen. [2]Ein wichtiger Grund liegt vor, wenn dem kündigenden Teil unter Berücksichtigung aller Umstände des Einzelfalls und unter Abwägung der beiderseitigen Interessen die Fortsetzung des Vertragsverhältnisses bis zur Fertigstellung des Werks nicht zugemutet werden kann.

(2) Eine Teilkündigung ist möglich; sie muss sich auf einen abgrenzbaren Teil des geschuldeten Werks beziehen.

(3) § 314 Absatz 2 und 3 gilt entsprechend.

(4) [1]Nach der Kündigung kann jede Vertragspartei von der anderen verlangen, dass sie an einer gemeinsamen Feststellung des Leistungsstandes mitwirkt. [2]Verweigert eine Vertragspartei die Mitwirkung oder bleibt sie einem vereinbarten oder einem von der anderen Vertragspartei innerhalb einer angemessenen Frist bestimmten Termin zur Leistungsstandfeststellung fern, trifft sie die Beweislast für den Leistungsstand zum Zeitpunkt der Kündigung. [3]Dies gilt nicht, wenn die Vertragspartei infolge eines Umstands fernbleibt, den sie nicht zu vertreten hat und den sie der anderen Vertragspartei unverzüglich mitgeteilt hat.

(5) Kündigt eine Vertragspartei aus wichtigem Grund, ist der Unternehmer nur berechtigt, die Vergütung zu verlangen, die auf den bis zur Kündigung erbrachten Teil des Werks entfällt.

(6) Die Berechtigung, Schadensersatz zu verlangen, wird durch die Kündigung nicht ausgeschlossen.

§ 649 Kostenanschlag

(1) Ist dem Vertrag ein Kostenanschlag zugrunde gelegt worden, ohne dass der Unternehmer die Gewähr für die Richtigkeit des Anschlags übernommen hat, und ergibt sich, dass das Werk nicht ohne eine wesentliche Überschreitung des Anschlags ausführbar ist, so steht dem Unternehmer, wenn der Besteller den Vertrag aus diesem Grund kündigt, nur der im § 645 Abs. 1 bestimmte Anspruch zu.

(2) Ist eine solche Überschreitung des Anschlags zu erwarten, so hat der Unternehmer dem Besteller unverzüglich Anzeige zu machen.

§ 650 Anwendung des Kaufrechts

[1]Auf einen Vertrag, der die Lieferung herzustellender oder zu erzeugender beweglicher Sachen zum Gegenstand hat, finden die Vorschriften über den Kauf Anwendung. [2]§ 442 Abs. 1 Satz 1 findet bei diesen Verträgen auch Anwendung, wenn der Mangel auf den vom Besteller gelieferten Stoff zurückzuführen ist. [3]Soweit es sich bei den herzustellenden oder zu erzeugenden beweglichen Sachen um nicht vertretbare Sachen handelt, sind auch die §§ 642, 643, 645, 648 und 649 mit der Maßgabe anzuwenden, dass an die Stelle der Abnahme der nach den §§ 446 und 447 maßgebliche Zeitpunkt tritt.

§ 650a Bauvertrag

(1) [1]Ein Bauvertrag ist ein Vertrag über die Herstellung, die Wiederherstellung, die Beseitigung oder den Umbau eines Bauwerks, einer Außenanlage oder eines Teils davon. [2]Für den Bauvertrag gelten ergänzend die folgenden Vorschriften dieses Kapitels.

(2) Ein Vertrag über die Instandhaltung eines Bauwerks ist ein Bauvertrag, wenn das Werk für die Konstruktion, den Bestand oder den bestimmungsgemäßen Gebrauch von wesentlicher Bedeutung ist.

§ 650b Änderung des Vertrags; Anordnungsrecht des Bestellers

(1) [1]Begehrt der Besteller

1. eine Änderung des vereinbarten Werkerfolgs (§ 631 Absatz 2) oder
2. eine Änderung, die zur Erreichung des vereinbarten Werkerfolgs notwendig ist,

streben die Vertragsparteien Einvernehmen über die Änderung und die infolge der Änderung zu leistende Mehr- oder Mindervergütung an. [2]Der Unternehmer ist verpflichtet, ein Angebot über die Mehr- oder Mindervergütung zu erstellen, im Falle einer Änderung nach Satz 1 Nummer 1 jedoch nur, wenn ihm die Ausführung der Änderung zumutbar ist. [3]Macht der Unternehmer betriebsinterne Vorgänge für die Unzumutbarkeit einer Anordnung nach Absatz 1 Satz 1 Nummer 1 geltend, trifft ihn die Beweislast hierfür. [4]Trägt der Besteller die Verantwortung für die Planung des Bauwerks oder der Außenanlage, ist der Unternehmer nur dann zur Erstellung eines Angebots über die Mehr- oder Mindervergütung verpflichtet, wenn der Besteller die für die Änderung erforderliche Planung vorgenommen und dem Unternehmer zur Verfügung gestellt hat. [5]Begehrt der Besteller eine Änderung, für die dem Unternehmer nach § 650c Absatz 1 Satz 2 kein Anspruch auf Vergütung für vermehrten Aufwand zusteht, streben die Parteien nur Einvernehmen über die Änderung an; Satz 2 findet in diesem Fall keine Anwendung.

(2) [1]Erzielen die Parteien binnen 30 Tagen nach Zugang des Änderungsbegehrens beim Unternehmer keine Einigung nach Absatz 1, kann der Besteller die Änderung in Textform anordnen. [2]Der Unternehmer ist verpflichtet, der Anordnung des Bestellers nachzukommen, einer Anordnung nach Absatz 1 Satz 1 Nummer 1 jedoch nur, wenn ihm die Ausführung zumutbar ist. [3]Absatz 1 Satz 3 gilt entsprechend.

§ 650c Vergütungsanpassung bei Anordnungen nach § 650b Absatz 2

(1) [1]Die Höhe des Vergütungsanspruchs für den infolge einer Anordnung des Bestellers nach § 650b Absatz 2 vermehrten oder verminderten Aufwand ist nach den tatsächlich erforderlichen Kosten mit angemessenen Zuschlägen für allgemeine Geschäftskosten, Wagnis und Gewinn zu ermitteln. [2]Umfasst die Leistungspflicht des Unternehmers auch die Planung des Bauwerks oder der Außenanlage, steht diesem im Fall des § 650b Absatz 1 Satz 1 Nummer 2 kein Anspruch auf Vergütung für vermehrten Aufwand zu.

(2) [1]Der Unternehmer kann zur Berechnung der Vergütung für den Nachtrag auf die Ansätze in einer vereinbarungsgemäß hinterlegten Urkalkulation zurückgreifen. [2]Es wird vermutet, dass die auf Basis der Urkalkulation fortgeschriebene Vergütung der Vergütung nach Absatz 1 entspricht.

(3) [1]Bei der Berechnung von vereinbarten oder gemäß § 632a geschuldeten Abschlagszahlungen kann der Unternehmer 80 Prozent einer in einem Angebot nach § 650b Absatz 1 Satz 2 genannten Mehrvergütung ansetzen, wenn sich die Parteien nicht über die Höhe geeinigt haben oder keine anderslautende gerichtliche Entscheidung ergeht. [2]Wählt der Unternehmer diesen Weg und ergeht keine anderslautende gerichtliche Entscheidung, wird die nach den Absätzen 1 und

2 geschuldete Mehrvergütung erst nach der Abnahme des Werks fällig. [3]Zahlungen nach Satz 1, die die nach den Absätzen 1 und 2 geschuldete Mehrvergütung übersteigen, sind dem Besteller zurückzugewähren und ab ihrem Eingang beim Unternehmer zu verzinsen. [4]§ 288 Absatz 1 Satz 2, Absatz 2 und § 289 Satz 1 gelten entsprechend.

§ 650d Einstweilige Verfügung

Zum Erlass einer einstweiligen Verfügung in Streitigkeiten über das Anordnungsrecht gemäß § 650b oder die Vergütungsanpassung gemäß § 650c ist es nach Beginn der Bauausführung nicht erforderlich, dass der Verfügungsgrund glaubhaft gemacht wird.

§ 650e Sicherungshypothek des Bauunternehmers

[1]Der Unternehmer kann für seine Forderungen aus dem Vertrag die Einräumung einer Sicherungshypothek an dem Baugrundstück des Bestellers verlangen. [2]Ist das Werk noch nicht vollendet, so kann er die Einräumung der Sicherungshypothek für einen der geleisteten Arbeit entsprechenden Teil der Vergütung und für die in der Vergütung nicht inbegriffenen Auslagen verlangen.

§ 650f Bauhandwerkersicherung

(1) [1]Der Unternehmer kann vom Besteller Sicherheit für die auch in Zusatzaufträgen vereinbarte und noch nicht gezahlte Vergütung einschließlich dazugehöriger Nebenforderungen, die mit 10 Prozent des zu sichernden Vergütungsanspruchs anzusetzen sind, verlangen. [2]Satz 1 gilt in demselben Umfang auch für Ansprüche, die an die Stelle der Vergütung treten. [3]Der Anspruch des Unternehmers auf Sicherheit wird nicht dadurch ausgeschlossen, dass der Besteller Erfüllung verlangen kann oder das Werk abgenommen hat. [4]Ansprüche, mit denen der Besteller gegen den Anspruch des Unternehmers auf Vergütung aufrechnen kann, bleiben bei der Berechnung der Vergütung unberücksichtigt, es sei denn, sie sind unstreitig oder rechtskräftig festgestellt. [5]Die Sicherheit ist auch dann als ausreichend anzusehen, wenn sich der Sicherungsgeber das Recht vorbehält, sein Versprechen im Falle einer wesentlichen Verschlechterung der Vermögensverhältnisse des Bestellers mit Wirkung für Vergütungsansprüche aus Bauleistungen zu widerrufen, die der Unternehmer bei Zugang der Widerrufserklärung noch nicht erbracht hat.

(2) [1]Die Sicherheit kann auch durch eine Garantie oder ein sonstiges Zahlungsversprechen eines im Geltungsbereich dieses Gesetzes zum Geschäftsbetrieb befugten Kreditinstituts oder Kreditversicherers geleistet werden. [2]Das Kreditinstitut oder der Kreditversicherer darf Zahlungen an den Unternehmer nur leisten, soweit der Besteller den Vergütungsanspruch des Unternehmers anerkennt oder

durch vorläufig vollstreckbares Urteil zur Zahlung der Vergütung verurteilt worden ist und die Voraussetzungen vorliegen, unter denen die Zwangsvollstreckung begonnen werden darf.

(3) [1]Der Unternehmer hat dem Besteller die üblichen Kosten der Sicherheitsleistung bis zu einem Höchstsatz von 2 Prozent für das Jahr zu erstatten. [2]Dies gilt nicht, soweit eine Sicherheit wegen Einwendungen des Bestellers gegen den Vergütungsanspruch des Unternehmers aufrechterhalten werden muss und die Einwendungen sich als unbegründet erweisen.

(4) Soweit der Unternehmer für seinen Vergütungsanspruch eine Sicherheit nach Absatz 1 oder 2 erlangt hat, ist der Anspruch auf Einräumung einer Sicherungshypothek nach § 650e ausgeschlossen.

(5) [1]Hat der Unternehmer dem Besteller erfolglos eine angemessene Frist zur Leistung der Sicherheit nach Absatz 1 bestimmt, so kann der Unternehmer die Leistung verweigern oder den Vertrag kündigen. [2]Kündigt er den Vertrag, ist der Unternehmer berechtigt, die vereinbarte Vergütung zu verlangen; er muss sich jedoch dasjenige anrechnen lassen, was er infolge der Aufhebung des Vertrages an Aufwendungen erspart oder durch anderweitige Verwendung seiner Arbeitskraft erwirbt oder böswillig zu erwerben unterlässt. [3]Es wird vermutet, dass danach dem Unternehmer 5 Prozent der auf den noch nicht erbrachten Teil der Werkleistung entfallenden vereinbarten Vergütung zustehen.

(6) [1]Die Absätze 1 bis 5 finden keine Anwendung, wenn der Besteller

1. eine juristische Person des öffentlichen Rechts oder ein öffentlich-rechtliches Sondervermögen ist, über deren Vermögen ein Insolvenzverfahren unzulässig ist, oder
2. Verbraucher ist und es sich um einen Verbraucherbauvertrag nach § 650i oder um einen Bauträgervertrag nach § 650u handelt.

[2]Satz 1 Nummer 2 gilt nicht bei Betreuung des Bauvorhabens durch einen zur Verfügung über die Finanzierungsmittel des Bestellers ermächtigten Baubetreuer.

(7) Eine von den Absätzen 1 bis 5 abweichende Vereinbarung ist unwirksam.

§ 650g Zustandsfeststellung bei Verweigerung der Abnahme; Schlussrechnung

(1) [1]Verweigert der Besteller die Abnahme unter Angabe von Mängeln, hat er auf Verlangen des Unternehmers an einer gemeinsamen Feststellung des Zustands des Werks mitzuwirken. [2]Die gemeinsame Zustandsfeststellung soll mit der Angabe des Tages der Anfertigung versehen werden und ist von beiden Vertragsparteien zu unterschreiben.

(2) [1]Bleibt der Besteller einem vereinbarten oder einem von dem Unternehmer innerhalb einer angemessenen Frist bestimmten Termin zur Zustandsfeststellung fern, so kann der Unternehmer die Zustandsfeststellung auch einseitig vornehmen. [2]Dies gilt nicht, wenn der Besteller infolge eines Umstands fernbleibt, den er nicht zu vertreten hat und den er dem Unternehmer unverzüglich mitgeteilt hat. [3]Der Unternehmer hat die einseitige Zustandsfeststellung mit der Angabe des Tages der Anfertigung zu versehen und sie zu unterschreiben sowie dem Besteller eine Abschrift der einseitigen Zustandsfeststellung zur Verfügung zu stellen.

(3) [1]Ist das Werk dem Besteller verschafft worden und ist in der Zustandsfeststellung nach Absatz 1 oder 2 ein offenkundiger Mangel nicht angegeben, wird vermutet, dass dieser nach der Zustandsfeststellung entstanden und vom Besteller zu vertreten ist. [2]Die Vermutung gilt nicht, wenn der Mangel nach seiner Art nicht vom Besteller verursacht worden sein kann.

(4) [1]Die Vergütung ist zu entrichten, wenn

1. der Besteller das Werk abgenommen hat oder die Abnahme nach § 641 Absatz 2 entbehrlich ist und
2. der Unternehmer dem Besteller eine prüffähige Schlussrechnung erteilt hat.

[2]Die Schlussrechnung ist prüffähig, wenn sie eine übersichtliche Aufstellung der erbrachten Leistungen enthält und für den Besteller nachvollziehbar ist. [3]Sie gilt als prüffähig, wenn der Besteller nicht innerhalb von 30 Tagen nach Zugang der Schlussrechnung begründete Einwendungen gegen ihre Prüffähigkeit erhoben hat.

§ 650h Schriftform der Kündigung

Die Kündigung des Bauvertrags bedarf der schriftlichen Form.

§ 650i Verbraucherbauvertrag

(1) Verbraucherbauverträge sind Verträge, durch die der Unternehmer von einem Verbraucher zum Bau eines neuen Gebäudes oder zu erheblichen Umbaumaßnahmen an einem bestehenden Gebäude verpflichtet wird.

(2) Der Verbraucherbauvertrag bedarf der Textform.

(3) Für Verbraucherbauverträge gelten ergänzend die folgenden Vorschriften dieses Kapitels.

§ 650j Baubeschreibung

Der Unternehmer hat den Verbraucher über die sich aus Artikel 249 des Einführungsgesetzes zum Bürgerlichen Gesetzbuche ergebenden Einzelheiten in der dort vorgesehenen Form zu unterrichten, es sei denn, der Verbraucher oder ein von ihm Beauftragter macht die wesentlichen Planungsvorgaben.

§ 650k Inhalt des Vertrags

(1) Die Angaben der vorvertraglich zur Verfügung gestellten Baubeschreibung in Bezug auf die Bauausführung werden Inhalt des Vertrags, es sei denn, die Vertragsparteien haben ausdrücklich etwas anderes vereinbart.

(2) [1]Soweit die Baubeschreibung unvollständig oder unklar ist, ist der Vertrag unter Berücksichtigung sämtlicher vertragsbegleitender Umstände, insbesondere des Komfort- und Qualitätsstandards nach der übrigen Leistungsbeschreibung, auszulegen. [2]Zweifel bei der Auslegung des Vertrags bezüglich der vom Unternehmer geschuldeten Leistung gehen zu dessen Lasten.

(3) [1]Der Bauvertrag muss verbindliche Angaben zum Zeitpunkt der Fertigstellung des Werks oder, wenn dieser Zeitpunkt zum Zeitpunkt des Abschlusses des Bauvertrags nicht angegeben werden kann, zur Dauer der Bauausführung enthalten. [2]Enthält der Vertrag diese Angaben nicht, werden die vorvertraglich in der Baubeschreibung übermittelten Angaben zum Zeitpunkt der Fertigstellung des Werks oder zur Dauer der Bauausführung Inhalt des Vertrags.

§ 650l Widerrufsrecht

[1]Dem Verbraucher steht ein Widerrufsrecht gemäß § 355 zu, es sei denn, der Vertrag wurde notariell beurkundet. [2]Der Unternehmer ist verpflichtet, den Verbraucher nach Maßgabe des Artikels 249 § 3 des Einführungsgesetzes zum Bürgerlichen Gesetzbuche über sein Widerrufsrecht zu belehren.

§ 650m Abschlagszahlungen; Absicherung des Vergütungsanspruchs

(1) Verlangt der Unternehmer Abschlagszahlungen nach § 632a, darf der Gesamtbetrag der Abschlagszahlungen 90 Prozent der vereinbarten Gesamtvergütung einschließlich der Vergütung für Nachtragsleistungen nach § 650c nicht übersteigen.

(2) [1]Dem Verbraucher ist bei der ersten Abschlagszahlung eine Sicherheit für die rechtzeitige Herstellung des Werks ohne wesentliche Mängel in Höhe von 5 Prozent der vereinbarten Gesamtvergütung zu leisten. [2]Erhöht sich der Vergütungsanspruch infolge einer Anordnung des Verbrauchers nach den §§ 650b und 650c oder infolge sonstiger Änderungen oder Ergänzungen des Vertrags um mehr als 10 Prozent, ist dem Verbraucher bei der nächsten Abschlagszahlung eine weitere Sicherheit in Höhe von 5 Prozent des zusätzlichen Vergütungsanspruchs zu leisten. [3]Auf Verlangen des Unternehmers ist die Sicherheitsleistung durch Einbehalt dergestalt zu erbringen, dass der Verbraucher die Abschlagszahlungen bis zu dem Gesamtbetrag der geschuldeten Sicherheit zurückhält.

(3) Sicherheiten nach Absatz 2 können auch durch eine Garantie oder ein sonstiges Zahlungsversprechen eines im Geltungsbereich dieses Gesetzes zum Geschäftsbetrieb befugten Kreditinstituts oder Kreditversicherers geleistet werden.

(4) [1]Verlangt der Unternehmer Abschlagszahlungen nach § 632a, ist eine Vereinbarung unwirksam, die den Verbraucher zu einer Sicherheitsleistung für die vereinbarte Vergütung verpflichtet, die die nächste Abschlagszahlung oder 20 Prozent der vereinbarten Vergütung übersteigt. [2]Gleiches gilt, wenn die Parteien Abschlagszahlungen vereinbart haben.

§ 650n Erstellung und Herausgabe von Unterlagen

(1) [1]Rechtzeitig vor Beginn der Ausführung einer geschuldeten Leistung hat der Unternehmer diejenigen Planungsunterlagen zu erstellen und dem Verbraucher herauszugeben, die dieser benötigt, um gegenüber Behörden den Nachweis führen zu können, dass die Leistung unter Einhaltung der einschlägigen öffentlich-rechtlichen Vorschriften ausgeführt werden wird. [2]Die Pflicht besteht nicht, soweit der Verbraucher oder ein von ihm Beauftragter die wesentlichen Planungsvorgaben erstellt.

(2) Spätestens mit der Fertigstellung des Werks hat der Unternehmer diejenigen Unterlagen zu erstellen und dem Verbraucher herauszugeben, die dieser benötigt, um gegenüber Behörden den Nachweis führen zu können, dass die Leistung unter Einhaltung der einschlägigen öffentlich-rechtlichen Vorschriften ausgeführt worden ist.

(3) Die Absätze 1 und 2 gelten entsprechend, wenn ein Dritter, etwa ein Darlehensgeber, Nachweise für die Einhaltung bestimmter Bedingungen verlangt und wenn der Unternehmer die berechtigte Erwartung des Verbrauchers geweckt hat, diese Bedingungen einzuhalten.

§ 650o Abweichende Vereinbarungen

[1]Von § 640 Absatz 2 Satz 2, den §§ 650i bis 650l und 650n kann nicht zum Nachteil des Verbrauchers abgewichen werden. [2]Diese Vorschriften finden auch Anwendung, wenn sie durch anderweitige Gestaltungen umgangen werden.

§ 650p Vertragstypische Pflichten aus Architekten- und Ingenieurverträgen

(1) Durch einen Architekten- oder Ingenieurvertrag wird der Unternehmer verpflichtet, die Leistungen zu erbringen, die nach dem jeweiligen Stand der Planung und Ausführung des Bauwerks oder der Außenanlage erforderlich sind, um die zwischen den Parteien vereinbarten Planungs- und Überwachungsziele zu erreichen.

(2) [1]Soweit wesentliche Planungs- und Überwachungsziele noch nicht vereinbart sind, hat der Unternehmer zunächst eine Planungsgrundlage zur Ermittlung

dieser Ziele zu erstellen. [2]Er legt dem Besteller die Planungsgrundlage zusammen mit einer Kosteneinschätzung für das Vorhaben zur Zustimmung vor.

§ 650q Anwendbare Vorschriften

(1) Für Architekten- und Ingenieurverträge gelten die Vorschriften des Kapitels 1 des Untertitels 1 sowie die §§ 650b, 650e bis 650h entsprechend, soweit sich aus diesem Untertitel nichts anderes ergibt.

(2) [1]Für die Vergütungsanpassung im Fall von Anordnungen nach § 650b Absatz 2 gelten die Entgeltberechnungsregeln der Honorarordnung für Architekten und Ingenieure in der jeweils geltenden Fassung, soweit infolge der Anordnung zu erbringende oder entfallende Leistungen vom Anwendungsbereich der Honorarordnung erfasst werden. [2]Im Übrigen ist die Vergütungsanpassung für den vermehrten oder verminderten Aufwand auf Grund der angeordneten Leistung frei vereinbar. [3]Soweit die Vertragsparteien keine Vereinbarung treffen, gilt § 650c entsprechend.

§ 650r Sonderkündigungsrecht

(1) [1]Nach Vorlage von Unterlagen gemäß § 650p Absatz 2 kann der Besteller den Vertrag kündigen. [2]Das Kündigungsrecht erlischt zwei Wochen nach Vorlage der Unterlagen, bei einem Verbraucher jedoch nur dann, wenn der Unternehmer ihn bei der Vorlage der Unterlagen in Textform über das Kündigungsrecht, die Frist, in der es ausgeübt werden kann, und die Rechtsfolgen der Kündigung unterrichtet hat.

(2) [1]Der Unternehmer kann dem Besteller eine angemessene Frist für die Zustimmung nach § 650p Absatz 2 Satz 2 setzen. [2]Er kann den Vertrag kündigen, wenn der Besteller die Zustimmung verweigert oder innerhalb der Frist nach Satz 1 keine Erklärung zu den Unterlagen abgibt.

(3) Wird der Vertrag nach Absatz 1 oder 2 gekündigt, ist der Unternehmer nur berechtigt, die Vergütung zu verlangen, die auf die bis zur Kündigung erbrachten Leistungen entfällt.

§ 650s Teilabnahme

Der Unternehmer kann ab der Abnahme der letzten Leistung des bauausführenden Unternehmers oder der bauausführenden Unternehmer eine Teilabnahme der von ihm bis dahin erbrachten Leistungen verlangen.

§ 650t Gesamtschuldnerische Haftung mit dem bauausführenden Unternehmer

Nimmt der Besteller den Unternehmer wegen eines Überwachungsfehlers in Anspruch, der zu einem Mangel an dem Bauwerk oder an der Außenanlage geführt hat, kann der Unternehmer die Leistung verweigern, wenn auch der ausführende

Bauunternehmer für den Mangel haftet und der Besteller dem bauausführenden Unternehmer noch nicht erfolglos eine angemessene Frist zur Nacherfüllung bestimmt hat.

§ 650u Bauträgervertrag; anwendbare Vorschriften

(1) [1]Ein Bauträgervertrag ist ein Vertrag, der die Errichtung oder den Umbau eines Hauses oder eines vergleichbaren Bauwerks zum Gegenstand hat und der zugleich die Verpflichtung des Unternehmers enthält, dem Besteller das Eigentum an dem Grundstück zu übertragen oder ein Erbbaurecht zu bestellen oder zu übertragen. [2]Hinsichtlich der Errichtung oder des Umbaus finden die Vorschriften des Untertitels 1 Anwendung, soweit sich aus den nachfolgenden Vorschriften nichts anderes ergibt. [3]Hinsichtlich des Anspruchs auf Übertragung des Eigentums an dem Grundstück oder auf Übertragung oder Bestellung des Erbbaurechts finden die Vorschriften über den Kauf Anwendung.

(2) Keine Anwendung finden die §§ 648, 648a, 650b bis 650e, 650k Absatz 1 sowie die §§ 650l und 650m Absatz 1.

§ 650v Abschlagszahlungen

Der Unternehmer kann von dem Besteller Abschlagszahlungen nur verlangen, soweit sie gemäß einer Verordnung auf Grund von Artikel 244 des Einführungsgesetzes zum Bürgerlichen Gesetzbuche vereinbart sind.

VOB/B: Allgemeine Vertragsbedingungen für die Ausführung von Bauleistungen (Fassung 2016)

§ 1 Art und Umfang der Leistung

(1) Die auszuführende Leistung wird nach Art und Umfang durch den Vertrag bestimmt. Als Bestandteil des Vertrags gelten auch die Allgemeinen Technischen Vertragsbedingungen für Bauleistungen (VOB/C).

(2) Bei Widersprüchen im Vertrag gelten nacheinander:

1. die Leistungsbeschreibung,
2. die Besonderen Vertragsbedingungen,
3. etwaige Zusätzliche Vertragsbedingungen,
4. etwaige Zusätzliche Technische Vertragsbedingungen,
5. die Allgemeinen Technischen Vertragsbedingungen für Bauleistungen,
6. die Allgemeinen Vertragsbedingungen für die Ausführung von Bauleistungen.

(3) Änderungen des Bauentwurfs anzuordnen, bleibt dem Auftraggeber vorbehalten.

(4) Nicht vereinbarte Leistungen, die zur Ausführung der vertraglichen Leistung erforderlich werden, hat der Auftragnehmer auf Verlangen des Auftraggebers mit auszuführen, außer wenn sein Betrieb auf derartige Leistungen nicht eingerichtet ist. Andere Leistungen können dem Auftragnehmer nur mit seiner Zustimmung übertragen werden.

§ 2 Vergütung

(1) Durch die vereinbarten Preise werden alle Leistungen abgegolten, die nach der Leistungsbeschreibung, den Besonderen Vertragsbedingungen, den Zusätzlichen Vertragsbedingungen, den Zusätzlichen Technischen Vertragsbedingungen, den Allgemeinen Technischen Vertragsbedingungen für Bauleistungen und der gewerblichen Verkehrssitte zur vertraglichen Leistung gehören.

(2) Die Vergütung wird nach den vertraglichen Einheitspreisen und den tatsächlich ausgeführten Leistungen berechnet, wenn keine andere Berechnungsart (z. B. durch Pauschalsumme, nach Stundenlohnsätzen, nach Selbstkosten) vereinbart ist.

(3) 1. Weicht die ausgeführte Menge der unter einem Einheitspreis erfassten Leistung oder Teilleistung um nicht mehr als 10 v. H. von dem im Vertrag vorgesehenen Umfang ab, so gilt der vertragliche Einheitspreis.
2. Für die über 10 v. H. hinausgehende Überschreitung des Mengenansatzes ist auf Verlangen ein neuer Preis unter Berücksichtigung der Mehr- oder Minderkosten zu vereinbaren.
3. Bei einer über 10 v. H. hinausgehenden Unterschreitung des Mengenansatzes ist auf Verlangen der Einheitspreis für die tatsächlich ausgeführte Menge der Leistung oder Teilleistung zu erhöhen, soweit der Auftragnehmer nicht durch Erhöhung der Mengen bei anderen Ordnungszahlen (Positionen) oder in anderer Weise einen Ausgleich erhält. Die Erhöhung des Einheitspreises soll im Wesentlichen dem Mehrbetrag entsprechen, der sich durch Verteilung der Baustelleneinrichtungs- und Baustellengemeinkosten und der Allgemeinen Geschäftskosten auf die verringerte Menge ergibt. Die Umsatzsteuer wird entsprechend dem neuen Preis vergütet.
4. Sind von der unter einem Einheitspreis erfassten Leistung oder Teilleistung andere Leistungen abhängig, für die eine Pauschalsumme vereinbart ist, so kann mit der Änderung des Einheitspreises auch eine angemessene Änderung der Pauschalsumme gefordert werden.

(4) Werden im Vertrag ausbedungene Leistungen des Auftragnehmers vom Auftraggeber selbst übernommen (z. B. Lieferung von Bau-, Bauhilfs- und Betriebsstoffen), so gilt, wenn nichts anderes vereinbart wird, § 8 Absatz 1 Nummer 2 entsprechend.

(5) Werden durch Änderung des Bauentwurfs oder andere Anordnungen des Auftraggebers die Grundlagen des Preises für eine im Vertrag vorgesehene Leistung geändert, so ist ein neuer Preis unter Berücksichtigung der Mehr- oder Minderkosten zu vereinbaren. Die Vereinbarung soll vor der Ausführung getroffen werden.

(6) 1. Wird eine im Vertrag nicht vorgesehene Leistung gefordert, so hat der Auftragnehmer Anspruch auf besondere Vergütung. Er muss jedoch den Anspruch dem Auftraggeber ankündigen, bevor er mit der Ausführung der Leistung beginnt.
2. Die Vergütung bestimmt sich nach den Grundlagen der Preisermittlung für die vertragliche Leistung und den besonderen Kosten der geforderten Leistung. Sie ist möglichst vor Beginn der Ausführung zu vereinbaren.

(7) 1. Ist als Vergütung der Leistung eine Pauschalsumme vereinbart, so bleibt die Vergütung unverändert. Weicht jedoch die ausgeführte Leistung von der vertraglich vorgesehenen Leistung so erheblich ab, dass ein Festhalten an der Pauschalsumme nicht zumutbar ist (§ 313 BGB), so ist auf Verlangen ein Ausgleich unter Berücksichtigung der Mehr- oder Minderkosten zu gewähren. Für die Bemessung des Ausgleichs ist von den Grundlagen der Preisermittlung auszugehen.
2. Die Regelungen der Absatz 4, 5 und 6 gelten auch bei Vereinbarung einer Pauschalsumme.
3. Wenn nichts anderes vereinbart ist, gelten die Nummern 1 und 2 auch für Pauschalsummen, die für Teile der Leistung vereinbart sind; Absatz 3 Nummer 4 bleibt unberührt.

(8) 1. Leistungen, die der Auftragnehmer ohne Auftrag oder unter eigenmächtiger Abweichung vom Auftrag ausführt, werden nicht vergütet. Der Auftragnehmer hat sie auf Verlangen innerhalb einer angemessenen Frist zu beseitigen; sonst kann es auf seine Kosten geschehen. Er haftet außerdem für andere Schäden, die dem Auftraggeber hieraus entstehen.
2. Eine Vergütung steht dem Auftragnehmer jedoch zu, wenn der Auftraggeber solche Leistungen nachträglich anerkennt. Eine Vergütung steht ihm auch zu, wenn die Leistungen für die Erfüllung des Vertrags notwendig waren,

dem mutmaßlichen Willen des Auftraggebers entsprachen und ihm unverzüglich angezeigt wurden. Soweit dem Auftragnehmer eine Vergütung zusteht, gelten die Berechnungsgrundlagen für geänderte oder zusätzliche Leistungen der Absätze 5 oder 6 entsprechend.

3. Die Vorschriften des BGB über die Geschäftsführung ohne Auftrag (§§ 677 ff. BGB) bleiben unberührt.

(9) 1. Verlangt der Auftraggeber Zeichnungen, Berechnungen oder andere Unterlagen, die der Auftragnehmer nach dem Vertrag, besonders den Technischen Vertragsbedingungen oder der gewerblichen Verkehrssitte, nicht zu beschaffen hat, so hat er sie zu vergüten.

2. Lässt er vom Auftragnehmer nicht aufgestellte technische Berechnungen durch den Auftragnehmer nachprüfen, so hat er die Kosten zu tragen.

(10) Stundenlohnarbeiten werden nur vergütet, wenn sie als solche vor ihrem Beginn ausdrücklich vereinbart worden sind (§ 15).

§ 3 Ausführungsunterlagen

(1) Die für die Ausführung nötigen Unterlagen sind dem Auftragnehmer unentgeltlich und rechtzeitig zu übergeben.

(2) Das Abstecken der Hauptachsen der baulichen Anlagen, ebenso der Grenzen des Geländes, das dem Auftragnehmer zur Verfügung gestellt wird, und das Schaffen der notwendigen Höhenfestpunkte in unmittelbarer Nähe der baulichen Anlagen sind Sache des Auftraggebers.

(3) Die vom Auftraggeber zur Verfügung gestellten Geländeaufnahmen und Absteckungen und die übrigen für die Ausführung übergebenen Unterlagen sind für den Auftragnehmer maßgebend. Jedoch hat er sie, soweit es zur ordnungsgemäßen Vertragserfüllung gehört, auf etwaige Unstimmigkeiten zu überprüfen und den Auftraggeber auf entdeckte oder vermutete Mängel hinzuweisen.

(4) Vor Beginn der Arbeiten ist, soweit notwendig, der Zustand der Straßen und Geländeoberfläche, der Vorfluter und Vorflutleitungen, ferner der baulichen Anlagen im Baubereich in einer Niederschrift festzuhalten, die vom Auftraggeber und Auftragnehmer anzuerkennen ist.

(5) Zeichnungen, Berechnungen, Nachprüfungen von Berechnungen oder andere Unterlagen, die der Auftragnehmer nach dem Vertrag, besonders den Technischen Vertragsbedingungen, oder der gewerblichen Verkehrssitte oder auf besonderes Verlangen des Auftraggebers (§ 2 Absatz 9) zu beschaffen hat, sind dem Auftraggeber nach Aufforderung rechtzeitig vorzulegen.

(6) 1. Die in Absatz 5 genannten Unterlagen dürfen ohne Genehmigung ihres Urhebers nicht veröffentlicht, vervielfältigt, geändert oder für einen anderen als den vereinbarten Zweck benutzt werden.
2. An DV-Programmen hat der Auftraggeber das Recht zur Nutzung mit den vereinbarten Leistungsmerkmalen in unveränderter Form auf den festgelegten Geräten. Der Auftraggeber darf zum Zwecke der Datensicherung zwei Kopien herstellen. Diese müssen alle Identifikationsmerkmale enthalten. Der Verbleib der Kopien ist auf Verlangen nachzuweisen.
3. Der Auftragnehmer bleibt unbeschadet des Nutzungsrechts des Auftraggebers zur Nutzung der Unterlagen und der DV-Programme berechtigt.

§ 4 Ausführung

(1) 1. Der Auftraggeber hat für die Aufrechterhaltung der allgemeinen Ordnung auf der Baustelle zu sorgen und das Zusammenwirken der verschiedenen Unternehmer zu regeln. Er hat die erforderlichen öffentlich-rechtlichen Genehmigungen und Erlaubnisse - z. B. nach dem Baurecht, dem Straßenverkehrsrecht, dem Wasserrecht, dem Gewerberecht - herbeizuführen.
2. Der Auftraggeber hat das Recht, die vertragsgemäße Ausführung der Leistung zu überwachen. Hierzu hat er Zutritt zu den Arbeitsplätzen, Werkstätten und Lagerräumen, wo die vertragliche Leistung oder Teile von ihr hergestellt oder die hierfür bestimmten Stoffe und Bauteile gelagert werden. Auf Verlangen sind ihm die Werkzeichnungen oder andere Ausführungsunterlagen sowie die Ergebnisse von Güteprüfungen zur Einsicht vorzulegen und die erforderlichen Auskünfte zu erteilen, wenn hierdurch keine Geschäftsgeheimnisse preisgegeben werden. Als Geschäftsgeheimnis bezeichnete Auskünfte und Unterlagen hat er vertraulich zu behandeln.
3. Der Auftraggeber ist befugt, unter Wahrung der dem Auftragnehmer zustehenden Leitung (Absatz 2) Anordnungen zu treffen, die zur vertragsgemäßen Ausführung der Leistung notwendig sind. Die Anordnungen sind grundsätzlich nur dem Auftragnehmer oder seinem für die Leitung der Ausführung bestellten Vertreter zu erteilen, außer wenn Gefahr im Verzug ist. Dem Auftraggeber ist mitzuteilen, wer jeweils als Vertreter des Auftragnehmers für die Leitung der Ausführung bestellt ist.
4. Hält der Auftragnehmer die Anordnungen des Auftraggebers für unberechtigt oder unzweckmäßig, so hat er seine Bedenken geltend zu machen, die Anordnungen jedoch auf Verlangen auszuführen, wenn nicht gesetzliche oder behördliche Bestimmungen entgegenstehen. Wenn dadurch eine ungerechtfertigte Erschwerung verursacht wird, hat der Auftraggeber die Mehrkosten zu tragen.

(2) 1. Der Auftragnehmer hat die Leistung unter eigener Verantwortung nach dem Vertrag auszuführen. Dabei hat er die anerkannten Regeln der Technik und die gesetzlichen und behördlichen Bestimmungen zu beachten. Es ist seine Sache, die Ausführung seiner vertraglichen Leistung zu leiten und für Ordnung auf seiner Arbeitsstelle zu sorgen.

2. Er ist für die Erfüllung der gesetzlichen, behördlichen und berufsgenossenschaftlichen Verpflichtungen gegenüber seinen Arbeitnehmern allein verantwortlich. Es ist ausschließlich seine Aufgabe, die Vereinbarungen und Maßnahmen zu treffen, die sein Verhältnis zu den Arbeitnehmern regeln.

(3) Hat der Auftragnehmer Bedenken gegen die vorgesehene Art der Ausführung (auch wegen der Sicherung gegen Unfallgefahren), gegen die Güte der vom Auftraggeber gelieferten Stoffe oder Bauteile oder gegen die Leistungen anderer Unternehmer, so hat er sie dem Auftraggeber unverzüglich - möglichst schon vor Beginn der Arbeiten - schriftlich mitzuteilen; der Auftraggeber bleibt jedoch für seine Angaben, Anordnungen oder Lieferungen verantwortlich.

(4) Der Auftraggeber hat, wenn nichts anderes vereinbart ist, dem Auftragnehmer unentgeltlich zur Benutzung oder Mitbenutzung zu überlassen:

1. die notwendigen Lager- und Arbeitsplätze auf der Baustelle,
2. vorhandene Zufahrtswege und Anschlussgleise,
3. vorhandene Anschlüsse für Wasser und Energie. Die Kosten für den Verbrauch und den Messer oder Zähler trägt der Auftragnehmer, mehrere Auftragnehmer tragen sie anteilig.

(5) Der Auftragnehmer hat die von ihm ausgeführten Leistungen und die ihm für die Ausführung übergebenen Gegenstände bis zur Abnahme vor Beschädigung und Diebstahl zu schützen. Auf Verlangen des Auftraggebers hat er sie vor Winterschäden und Grundwasser zu schützen, ferner Schnee und Eis zu beseitigen. Obliegt ihm die Verpflichtung nach Satz 2 nicht schon nach dem Vertrag, so regelt sich die Vergütung nach § 2 Absatz 6.

(6) Stoffe oder Bauteile, die dem Vertrag oder den Proben nicht entsprechen, sind auf Anordnung des Auftraggebers innerhalb einer von ihm bestimmten Frist von der Baustelle zu entfernen. Geschieht es nicht, so können sie auf Kosten des Auftragnehmers entfernt oder für seine Rechnung veräußert werden.

(7) Leistungen, die schon während der Ausführung als mangelhaft oder vertragswidrig erkannt werden, hat der Auftragnehmer auf eigene Kosten durch mangelfreie zu ersetzen. Hat der Auftragnehmer den Mangel oder die Vertragswidrigkeit zu vertreten, so hat er auch den daraus entstehenden Schaden zu ersetzen. Kommt der Auftragnehmer der Pflicht zur Beseitigung des Mangels nicht nach, so

kann ihm der Auftraggeber eine angemessene Frist zur Beseitigung des Mangels setzen und erklären, dass er nach fruchtlosem Ablauf der Frist den Vertrag kündigen werde (§ 8 Absatz 3).

(8) 1. Der Auftragnehmer hat die Leistung im eigenen Betrieb auszuführen. Mit schriftlicher Zustimmung des Auftraggebers darf er sie an Nachunternehmer übertragen. Die Zustimmung ist nicht notwendig bei Leistungen, auf die der Betrieb des Auftragnehmers nicht eingerichtet ist. Erbringt der Auftragnehmer ohne schriftliche Zustimmung des Auftraggebers Leistungen nicht im eigenen Betrieb, obwohl sein Betrieb darauf eingerichtet ist, kann der Auftraggeber ihm eine angemessene Frist zur Aufnahme der Leistung im eigenen Betrieb setzen und erklären, dass er nach fruchtlosem Ablauf der Frist den Vertrag kündigen werde (§ 8 Absatz 3).

2. Der Auftragnehmer hat bei der Weitervergabe von Bauleistungen an Nachunternehmer die Vergabe- und Vertragsordnung für Bauleistungen Teile B und C zugrunde zu legen.

3. Der Auftragnehmer hat dem Auftraggeber die Nachunternehmer und deren Nachunternehmer ohne Aufforderung spätestens bis zum Leistungsbeginn des Nachunternehmers mit Namen, gesetzlichen Vertretern und Kontaktdaten bekannt zu geben. Auf Verlangen des Auftraggebers hat der Auftragnehmer für seine Nachunternehmer Erklärungen und Nachweise zur Eignung vorzulegen.

(9) Werden bei Ausführung der Leistung auf einem Grundstück Gegenstände von Altertums, Kunst- oder wissenschaftlichem Wert entdeckt, so hat der Auftragnehmer vor jedem weiteren Aufdecken oder Ändern dem Auftraggeber den Fund anzuzeigen und ihm die Gegenstände nach näherer Weisung abzuliefern. Die Vergütung etwaiger Mehrkosten regelt sich nach § 2 Absatz 6. Die Rechte des Entdeckers (§ 984 BGB) hat der Auftraggeber.

(10) Der Zustand von Teilen der Leistung ist auf Verlangen gemeinsam von Auftraggeber und Auftragnehmer festzustellen, wenn diese Teile der Leistung durch die weitere Ausführung der Prüfung und Feststellung entzogen werden. Das Ergebnis ist schriftlich niederzulegen.

§ 5 Ausführungsfristen

(1) Die Ausführung ist nach den verbindlichen Fristen (Vertragsfristen) zu beginnen, angemessen zu fördern und zu vollenden. In einem Bauzeitenplan enthaltene Einzelfristen gelten nur dann als Vertragsfristen, wenn dies im Vertrag ausdrücklich vereinbart ist.

(2) Ist für den Beginn der Ausführung keine Frist vereinbart, so hat der Auftraggeber dem Auftragnehmer auf Verlangen Auskunft über den voraussichtlichen Beginn zu erteilen. Der Auftragnehmer hat innerhalb von 12 Werktagen nach Aufforderung zu beginnen. Der Beginn der Ausführung ist dem Auftraggeber anzuzeigen.

(3) Wenn Arbeitskräfte, Geräte, Gerüste, Stoffe oder Bauteile so unzureichend sind, dass die Ausführungsfristen offenbar nicht eingehalten werden können, muss der Auftragnehmer auf Verlangen unverzüglich Abhilfe schaffen.

(4) Verzögert der Auftragnehmer den Beginn der Ausführung, gerät er mit der Vollendung in Verzug, oder kommt er der in Absatz 3 erwähnten Verpflichtung nicht nach, so kann der Auftraggeber bei Aufrechterhaltung des Vertrages Schadensersatz nach § 6 Absatz 6 verlangen oder dem Auftragnehmer eine angemessene Frist zur Vertragserfüllung setzen und erklären, dass er nach fruchtlosem Ablauf der Frist den Vertrag kündigen werde (§ 8 Absatz 3).

§ 6 Behinderung und Unterbrechung der Ausführung

(1) Glaubt sich der Auftragnehmer in der ordnungsgemäßen Ausführung der Leistung behindert, so hat er es dem Auftraggeber unverzüglich schriftlich anzuzeigen. Unterlässt er die Anzeige, so hat er nur dann Anspruch auf Berücksichtigung der hindernden Umstände, wenn dem Auftraggeber offenkundig die Tatsache und deren hindernde Wirkung bekannt waren.

(2) 1. Ausführungsfristen werden verlängert, soweit die Behinderung verursacht ist:
   a) durch einen Umstand aus dem Risikobereich des Auftraggebers,
   b) durch Streik oder eine von der Berufsvertretung der Arbeitgeber angeordnete Aussperrung im Betrieb des Auftragnehmers oder in einem unmittelbar für ihn arbeitenden Betrieb,
   c) durch höhere Gewalt oder andere für den Auftragnehmer unabwendbare Umstände.

2. Witterungseinflüsse während der Ausführungszeit, mit denen bei Abgabe des Angebots normalerweise gerechnet werden musste, gelten nicht als Behinderung.

(3) Der Auftragnehmer hat alles zu tun, was ihm billigerweise zugemutet werden kann, um die Weiterführung der Arbeiten zu ermöglichen. Sobald die hindernden Umstände wegfallen, hat er ohne weiteres und unverzüglich die Arbeiten wieder aufzunehmen und den Auftraggeber davon zu benachrichtigen.

(4) Die Fristverlängerung wird berechnet nach der Dauer der Behinderung mit einem Zuschlag für die Wiederaufnahme der Arbeiten und die etwaige Verschiebung in eine ungünstigere Jahreszeit.

(5) Wird die Ausführung für voraussichtlich längere Dauer unterbrochen, ohne dass die Leistung dauernd unmöglich wird, so sind die ausgeführten Leistungen nach den Vertragspreisen abzurechnen und außerdem die Kosten zu vergüten, die dem Auftragnehmer bereits entstanden und in den Vertragspreisen des nicht ausgeführten Teils der Leistung enthalten sind.

(6) Sind die hindernden Umstände von einem Vertragsteil zu vertreten, so hat der andere Teil Anspruch auf Ersatz des nachweislich entstandenen Schadens, des entgangenen Gewinns aber nur bei Vorsatz oder grober Fahrlässigkeit. Im Übrigen bleibt der Anspruch des Auftragnehmers auf angemessene Entschädigung nach § 642 BGB unberührt, sofern die Anzeige nach Absatz 1 Satz 1 erfolgt oder wenn Offenkundigkeit nach Absatz 1 Satz 2 gegeben ist.

(7) Dauert eine Unterbrechung länger als 3 Monate, so kann jeder Teil nach Ablauf dieser Zeit den Vertrag schriftlich kündigen. Die Abrechnung regelt sich nach den Absätzen 5 und 6; wenn der Auftragnehmer die Unterbrechung nicht zu vertreten hat, sind auch die Kosten der Baustellenräumung zu vergüten, soweit sie nicht in der Vergütung für die bereits ausgeführten Leistungen enthalten sind.

§ 7 Verteilung der Gefahr

(1) Wird die ganz oder teilweise ausgeführte Leistung vor der Abnahme durch höhere Gewalt, Krieg, Aufruhr oder andere objektiv unabwendbare vom Auftragnehmer nicht zu vertretende Umstände beschädigt oder zerstört, so hat dieser für die ausgeführten Teile der Leistung die Ansprüche nach § 6 Absatz 5; für andere Schäden besteht keine gegenseitige Ersatzpflicht.

(2) Zu der ganz oder teilweise ausgeführten Leistung gehören alle mit der baulichen Anlage unmittelbar verbundenen, in ihre Substanz eingegangenen Leistungen, unabhängig von deren Fertigstellungsgrad.

(3) Zu der ganz oder teilweise ausgeführten Leistung gehören nicht die noch nicht eingebauten Stoffe und Bauteile sowie die Baustelleneinrichtung und Absteckungen. Zu der ganz oder teilweise ausgeführten Leistung gehören ebenfalls nicht Hilfskonstruktionen und Gerüste, auch wenn diese als Besondere Leistung oder selbständig vergeben sind.

§ 8 Kündigung durch den Auftraggeber

(1) 1. Der Auftraggeber kann bis zur Vollendung der Leistung jederzeit den Vertrag kündigen.

2. Dem Auftragnehmer steht die vereinbarte Vergütung zu. Er muss sich jedoch anrechnen lassen, was er infolge der Aufhebung des Vertrags an Kosten erspart oder durch anderweitige Verwendung seiner Arbeitskraft und seines Betriebs erwirbt oder zu erwerben böswillig unterlässt (§ 649 BGB).

(2) 1. Der Auftraggeber kann den Vertrag kündigen, wenn der Auftragnehmer seine Zahlungen einstellt, von ihm oder zulässigerweise vom Auftraggeber oder einem anderen Gläubiger das Insolvenzverfahren (§§ 14 und 15 InsO) beziehungsweise ein vergleichbares gesetzliches Verfahren beantragt ist, ein solches Verfahren eröffnet wird oder dessen Eröffnung mangels Masse abgelehnt wird.

2. Die ausgeführten Leistungen sind nach § 6 Absatz 5 abzurechnen. Der Auftraggeber kann Schadensersatz wegen Nichterfüllung des Restes verlangen.

(3) 1. Der Auftraggeber kann den Vertrag kündigen, wenn in den Fällen des § 4 Absätze 7 und 8 Nummer 1 und des § 5 Absatz 4 die gesetzte Frist fruchtlos abgelaufen ist. Die Kündigung kann auf einen in sich abgeschlossenen Teil der vertraglichen Leistung beschränkt werden.

2. Nach der Kündigung ist der Auftraggeber berechtigt, den noch nicht vollendeten Teil der Leistung zu Lasten des Auftragnehmers durch einen Dritten ausführen zu lassen, doch bleiben seine Ansprüche auf Ersatz des etwa entstehenden weiteren Schadens bestehen. Er ist auch berechtigt, auf die weitere Ausführung zu verzichten und Schadensersatz wegen Nichterfüllung zu verlangen, wenn die Ausführung aus den Gründen, die zur Kündigung geführt haben, für ihn kein Interesse mehr hat.

3. Für die Weiterführung der Arbeiten kann der Auftraggeber Geräte, Gerüste, auf der Baustelle vorhandene andere Einrichtungen und angelieferte Stoffe und Bauteile gegen angemessene Vergütung in Anspruch nehmen.

4. Der Auftraggeber hat dem Auftragnehmer eine Aufstellung über die entstandenen Mehrkosten und über seine anderen Ansprüche spätestens binnen 12 Werktagen nach Abrechnung mit dem Dritten zuzusenden.

(4) Der Auftraggeber kann den Vertrag kündigen,

1. wenn der Auftragnehmer aus Anlass der Vergabe eine Abrede getroffen hatte, die eine unzulässige Wettbewerbsbeschränkung darstellt. Absatz 3 Nummer 1 Satz 2 und Nummer 2 bis 4 gilt entsprechend.
2. sofern dieser im Anwendungsbereich des 4. Teils des GWB geschlossen wurde,

a) wenn der Auftragnehmer wegen eines zwingenden Ausschlussgrundes zum Zeitpunkt des Zuschlags nicht hätte beauftragt werden dürfen. Absatz 3 Nummer 1 Satz 2 und Nummer 2 bis 4 gilt entsprechend.
b) bei wesentlicher Änderung des Vertrages oder bei Feststellung einer schweren Verletzung der Verträge über die Europäische Union und die Arbeitsweise der Europäischen Union durch den Europäischen Gerichtshof. Die ausgeführten Leistungen sind nach § 6 Absatz 5 abzurechnen. Etwaige Schadensersatzansprüche der Parteien bleiben unberührt.

Die Kündigung ist innerhalb von 12 Werktagen nach Bekanntwerden des Kündigungsgrundes auszusprechen.

(5) Sofern der Auftragnehmer die Leistung, ungeachtet des Anwendungsbereichs des 4. Teils des GWB, ganz oder teilweise an Nachunternehmer weitervergeben hat, steht auch ihm das Kündigungsrecht gemäß Absatz 4 Nummer 2 Buchstabe b zu, wenn der ihn als Auftragnehmer verpflichtende Vertrag (Hauptauftrag) gemäß Absatz 4 Nummer 2 Buchstabe b gekündigt wurde. Entsprechendes gilt für jeden Auftraggeber der Nachunternehmerkette, sofern sein jeweiliger Auftraggeber den Vertrag gemäß Satz 1 gekündigt hat.

(6) Die Kündigung ist schriftlich zu erklären.

(7) Der Auftragnehmer kann Aufmaß und Abnahme der von ihm ausgeführten Leistungen alsbald nach der Kündigung verlangen; er hat unverzüglich eine prüfbare Rechnung über die ausgeführten Leistungen vorzulegen.

(8) Eine wegen Verzugs verwirkte, nach Zeit bemessene Vertragsstrafe kann nur für die Zeit bis zum Tag der Kündigung des Vertrags gefordert werden.

§ 9 Kündigung durch den Auftragnehmer

(1) Der Auftragnehmer kann den Vertrag kündigen:

1. wenn der Auftraggeber eine ihm obliegende Handlung unterlässt und dadurch den Auftragnehmer außerstande setzt, die Leistung auszuführen (Annahmeverzug nach §§ 293 ff. BGB),
2. wenn der Auftraggeber eine fällige Zahlung nicht leistet oder sonst in Schuldnerverzug gerät.

(2) Die Kündigung ist schriftlich zu erklären. Sie ist erst zulässig, wenn der Auftragnehmer dem Auftraggeber ohne Erfolg eine angemessene Frist zur Vertragserfüllung gesetzt und erklärt hat, dass er nach fruchtlosem Ablauf der Frist den Vertrag kündigen werde.

(3) Die bisherigen Leistungen sind nach den Vertragspreisen abzurechnen. Außerdem hat der Auftragnehmer Anspruch auf angemessene Entschädigung nach § 642 BGB; etwaige weitergehende Ansprüche des Auftragnehmers bleiben unberührt.

§ 10 Haftung der Vertragsparteien

(1) Die Vertragsparteien haften einander für eigenes Verschulden sowie für das Verschulden ihrer gesetzlichen Vertreter und der Personen, deren sie sich zur Erfüllung ihrer Verbindlichkeiten bedienen (§§ 276, 278 BGB).

(2) 1. Entsteht einem Dritten im Zusammenhang mit der Leistung ein Schaden, für den auf Grund gesetzlicher Haftpflichtbestimmungen beide Vertragsparteien haften, so gelten für den Ausgleich zwischen den Vertragsparteien die allgemeinen gesetzlichen Bestimmungen, soweit im Einzelfall nichts anderes vereinbart ist. Soweit der Schaden des Dritten nur die Folge einer Maßnahme ist, die der Auftraggeber in dieser Form angeordnet hat, trägt er den Schaden allein, wenn ihn der Auftragnehmer auf die mit der angeordneten Ausführung verbundene Gefahr nach § 4 Absatz 3 hingewiesen hat.

2. Der Auftragnehmer trägt den Schaden allein, soweit er ihn durch Versicherung seiner gesetzlichen Haftpflicht gedeckt hat oder durch eine solche zu tarifmäßigen, nicht auf außergewöhnliche Verhältnisse abgestellten Prämien und Prämienzuschlägen bei einem im Inland zum Geschäftsbetrieb zugelassenen Versicherer hätte decken können.

(3) Ist der Auftragnehmer einem Dritten nach den §§ 823 ff. BGB zu Schadensersatz verpflichtet wegen unbefugten Betretens oder Beschädigung angrenzender Grundstücke, wegen Entnahme oder Auflagerung von Boden oder anderen Gegenständen außerhalb der vom Auftraggeber dazu angewiesenen Flächen oder wegen der Folgen eigenmächtiger Versperrung von Wegen oder Wasserläufen, so trägt er im Verhältnis zum Auftraggeber den Schaden allein.

(4) Für die Verletzung gewerblicher Schutzrechte haftet im Verhältnis der Vertragsparteien zueinander der Auftragnehmer allein, wenn er selbst das geschützte Verfahren oder die Verwendung geschützter Gegenstände angeboten oder wenn der Auftraggeber die Verwendung vorgeschrieben und auf das Schutzrecht hingewiesen hat.

(5) Ist eine Vertragspartei gegenüber der anderen nach den Absätzen 2, 3 oder 4 von der Ausgleichspflicht befreit, so gilt diese Befreiung auch zugunsten ihrer

gesetzlichen Vertreter und Erfüllungsgehilfen, wenn sie nicht vorsätzlich oder grob fahrlässig gehandelt haben.

(6) Soweit eine Vertragspartei von dem Dritten für einen Schaden in Anspruch genommen wird, den nach den Absätzen 2, 3 oder 4 die andere Vertragspartei zu tragen hat, kann sie verlangen, dass ihre Vertragspartei sie von der Verbindlichkeit gegenüber dem Dritten befreit. Sie darf den Anspruch des Dritten nicht anerkennen oder befriedigen, ohne der anderen Vertragspartei vorher Gelegenheit zur Äußerung gegeben zu haben.

§ 11 Vertragsstrafe

(1) Wenn Vertragsstrafen vereinbart sind, gelten die §§ 339 bis 345 BGB.

(2) Ist die Vertragsstrafe für den Fall vereinbart, dass der Auftragnehmer nicht in der vorgesehenen Frist erfüllt, so wird sie fällig, wenn der Auftragnehmer in Verzug gerät.

(3) Ist die Vertragsstrafe nach Tagen bemessen, so zählen nur Werktage; ist sie nach Wochen bemessen, so wird jeder Werktag angefangener Wochen als 1/6 Woche gerechnet.

(4) Hat der Auftraggeber die Leistung abgenommen, so kann er die Strafe nur verlangen, wenn er dies bei der Abnahme vorbehalten hat.

§ 12 Abnahme

(1) Verlangt der Auftragnehmer nach der Fertigstellung - gegebenenfalls auch vor Ablauf der vereinbarten Ausführungsfrist - die Abnahme der Leistung, so hat sie der Auftraggeber binnen 12 Werktagen durchzuführen; eine andere Frist kann vereinbart werden.

(2) Auf Verlangen sind in sich abgeschlossene Teile der Leistung besonders abzunehmen.

(3) Wegen wesentlicher Mängel kann die Abnahme bis zur Beseitigung verweigert werden.

(4) 1. Eine förmliche Abnahme hat stattzufinden, wenn eine Vertragspartei es verlangt. Jede Partei kann auf ihre Kosten einen Sachverständigen zuziehen. Der Befund ist in gemeinsamer Verhandlung schriftlich niederzulegen. In die Niederschrift sind etwaige Vorbehalte wegen bekannter Mängel und wegen Vertragsstrafen aufzunehmen, ebenso etwaige Einwendungen des Auftragnehmers. Jede Partei erhält eine Ausfertigung.

2. Die förmliche Abnahme kann in Abwesenheit des Auftragnehmers stattfinden, wenn der Termin vereinbart war oder der Auftraggeber mit genügender Frist dazu eingeladen hatte. Das Ergebnis der Abnahme ist dem Auftragnehmer alsbald mitzuteilen.

(5) 1. Wird keine Abnahme verlangt, so gilt die Leistung als abgenommen mit Ablauf von 12 Werktagen nach schriftlicher Mitteilung über die Fertigstellung der Leistung.
2. Wird keine Abnahme verlangt und hat der Auftraggeber die Leistung oder einen Teil der Leistung in Benutzung genommen, so gilt die Abnahme nach Ablauf von 6 Werktagen nach Beginn der Benutzung als erfolgt, wenn nichts anderes vereinbart ist. Die Benutzung von Teilen einer baulichen Anlage zur Weiterführung der Arbeiten gilt nicht als Abnahme.
3. Vorbehalte wegen bekannter Mängel oder wegen Vertragsstrafen hat der Auftraggeber spätestens zu den in den Nummern 1 und 2 bezeichneten Zeitpunkten geltend zu machen.

(6) Mit der Abnahme geht die Gefahr auf den Auftraggeber über, soweit er sie nicht schon nach § 7 trägt.

§ 13 Mängelansprüche

(1) Der Auftragnehmer hat dem Auftraggeber seine Leistung zum Zeitpunkt der Abnahme frei von Sachmängeln zu verschaffen. Die Leistung ist zur Zeit der Abnahme frei von Sachmängeln, wenn sie die vereinbarte Beschaffenheit hat und den anerkannten Regeln der Technik entspricht. Ist die Beschaffenheit nicht vereinbart, so ist die Leistung zur Zeit der Abnahme frei von Sachmängeln,

1. wenn sie sich für die nach dem Vertrag vorausgesetzte, sonst
2. für die gewöhnliche Verwendung eignet und eine Beschaffenheit aufweist, die bei Werken der gleichen Art üblich ist und die der Auftraggeber nach der Art der Leistung erwarten kann.

(2) Bei Leistungen nach Probe gelten die Eigenschaften der Probe als vereinbarte Beschaffenheit, soweit nicht Abweichungen nach der Verkehrssitte als bedeutungslos anzusehen sind. Dies gilt auch für Proben, die erst nach Vertragsabschluss als solche anerkannt sind.

(3) Ist ein Mangel zurückzuführen auf die Leistungsbeschreibung oder auf Anordnungen des Auftraggebers, auf die von diesem gelieferten oder vorgeschriebenen Stoffe oder Bauteile oder die Beschaffenheit der Vorleistung eines anderen Unternehmers, haftet der Auftragnehmer, es sei denn, er hat die ihm nach § 4 Absatz 3 obliegende Mitteilung gemacht.

(4) 1. Ist für Mängelansprüche keine Verjährungsfrist im Vertrag vereinbart, so beträgt sie für Bauwerke 4 Jahre, für andere Werke, deren Erfolg in der Herstellung, Wartung oder Veränderung einer Sache besteht, und für die vom

Feuer berührten Teile von Feuerungsanlagen 2 Jahre. Abweichend von Satz 1 beträgt die Verjährungsfrist für feuerberührte und abgasdämmende Teile von industriellen Feuerungsanlagen 1 Jahr.

2. Ist für Teile von maschinellen und elektrotechnischen/elektronischen Anlagen, bei denen die Wartung Einfluss auf Sicherheit und Funktionsfähigkeit hat, nichts anderes vereinbart, beträgt für diese Anlagenteile die Verjährungsfrist für Mängelansprüche abweichend von Nummer 1 zwei Jahre, wenn der Auftraggeber sich dafür entschieden hat, dem Auftragnehmer die Wartung für die Dauer der Verjährungsfrist nicht zu übertragen; dies gilt auch, wenn für weitere Leistungen eine andere Verjährungsfrist vereinbart ist.
3. Die Frist beginnt mit der Abnahme der gesamten Leistung; nur für in sich abgeschlossene Teile der Leistung beginnt sie mit der Teilabnahme (§ 12 Absatz 2).

(5) 1. Der Auftragnehmer ist verpflichtet, alle während der Verjährungsfrist hervortretenden Mängel, die auf vertragswidrige Leistung zurückzuführen sind, auf seine Kosten zu beseitigen, wenn es der Auftraggeber vor Ablauf der Frist schriftlich verlangt. Der Anspruch auf Beseitigung der gerügten Mängel verjährt in 2 Jahren, gerechnet vom Zugang des schriftlichen Verlangens an, jedoch nicht vor Ablauf der Regelfristen nach Absatz 4 oder der an ihrer Stelle vereinbarten Frist. Nach Abnahme der Mängelbeseitigungsleistung beginnt für diese Leistung eine Verjährungsfrist von 2 Jahren neu, die jedoch nicht vor Ablauf der Regelfristen nach Absatz 4 oder der an ihrer Stelle vereinbarten Frist endet.

2. Kommt der Auftragnehmer der Aufforderung zur Mängelbeseitigung in einer vom Auftraggeber gesetzten angemessenen Frist nicht nach, so kann der Auftraggeber die Mängel auf Kosten des Auftragnehmers beseitigen lassen.

(6) Ist die Beseitigung des Mangels für den Auftraggeber unzumutbar oder ist sie unmöglich oder würde sie einen unverhältnismäßig hohen Aufwand erfordern und wird sie deshalb vom Auftragnehmer verweigert, so kann der Auftraggeber durch Erklärung gegenüber dem Auftragnehmer die Vergütung mindern (§ 638 BGB).

(7) 1. Der Auftragnehmer haftet bei schuldhaft verursachten Mängeln für Schäden aus der Verletzung des Lebens, des Körpers oder der Gesundheit.

2. Bei vorsätzlich oder grob fahrlässig verursachten Mängeln haftet er für alle Schäden.

3. Im Übrigen ist dem Auftraggeber der Schaden an der baulichen Anlage zu ersetzen, zu deren Herstellung, Instandhaltung oder Änderung die Leistung dient, wenn ein wesentlicher Mangel vorliegt, der die Gebrauchsfähigkeit erheblich beeinträchtigt und auf ein Verschulden des Auftragnehmers zurückzuführen ist. Einen darüber hinausgehenden Schaden hat der Auftragnehmer nur dann zu ersetzen,
   a) wenn der Mangel auf einem Verstoß gegen die anerkannten Regeln der Technik beruht,
   b) wenn der Mangel in dem Fehlen einer vertraglich vereinbarten Beschaffenheit besteht oder
   c) soweit der Auftragnehmer den Schaden durch Versicherung seiner gesetzlichen Haftpflicht gedeckt hat oder durch eine solche zu tarifmäßigen, nicht auf außergewöhnliche Verhältnisse abgestellten Prämien und Prämienzuschlägen bei einem im Inland zum Geschäftsbetrieb zugelassenen Versicherer hätte decken können.
4. Abweichend von Absatz 4 gelten die gesetzlichen Verjährungsfristen, soweit sich der Auftragnehmer nach Nummer 3 durch Versicherung geschützt hat oder hätte schützen können oder soweit ein besonderer Versicherungsschutz vereinbart ist.
5. Eine Einschränkung oder Erweiterung der Haftung kann in begründeten Sonderfällen vereinbart werden.

§ 14 Abrechnung

(1) Der Auftragnehmer hat seine Leistungen prüfbar abzurechnen. Er hat die Rechnungen übersichtlich aufzustellen und dabei die Reihenfolge der Posten einzuhalten und die in den Vertragsbestandteilen enthaltenen Bezeichnungen zu verwenden. Die zum Nachweis von Art und Umfang der Leistung erforderlichen Mengenberechnungen, Zeichnungen und andere Belege sind beizufügen. Änderungen und Ergänzungen des Vertrags sind in der Rechnung besonders kenntlich zu machen; sie sind auf Verlangen getrennt abzurechnen.

(2) Die für die Abrechnung notwendigen Feststellungen sind dem Fortgang der Leistung entsprechend möglichst gemeinsam vorzunehmen. Die Abrechnungsbestimmungen in den Technischen Vertragsbedingungen und den anderen Vertragsunterlagen sind zu beachten. Für Leistungen, die bei Weiterführung der Arbeiten nur schwer feststellbar sind, hat der Auftragnehmer rechtzeitig gemeinsame Feststellungen zu beantragen.

(3) Die Schlussrechnung muss bei Leistungen mit einer vertraglichen Ausführungsfrist von höchstens 3 Monaten spätestens 12 Werktage nach Fertigstellung eingereicht werden, wenn nichts anderes vereinbart ist; diese Frist wird um je 6 Werktage für je weitere 3 Monate Ausführungsfrist verlängert.

(4) Reicht der Auftragnehmer eine prüfbare Rechnung nicht ein, obwohl ihm der Auftraggeber dafür eine angemessene Frist gesetzt hat, so kann sie der Auftraggeber selbst auf Kosten des Auftragnehmers aufstellen.

§ 15 Stundenlohnarbeiten

(1) 1. Stundenlohnarbeiten werden nach den vertraglichen Vereinbarungen abgerechnet.

2. Soweit für die Vergütung keine Vereinbarungen getroffen worden sind, gilt die ortsübliche Vergütung. Ist diese nicht zu ermitteln, so werden die Aufwendungen des Auftragnehmers für Lohn- und Gehaltskosten der Baustelle, Lohn- und Gehaltsnebenkosten der Baustelle, Stoffkosten der Baustelle, Kosten der Einrichtungen, Geräte, Maschinen und maschinellen Anlagen der Baustelle, Fracht-, Fuhr- und Ladekosten, Sozialkassenbeiträge und Sonderkosten, die bei wirtschaftlicher Betriebsführung entstehen, mit angemessenen Zuschlägen für Gemeinkosten und Gewinn (einschließlich allgemeinem Unternehmerwagnis) zuzüglich Umsatzsteuer vergütet.

(2) Verlangt der Auftraggeber, dass die Stundenlohnarbeiten durch einen Polier oder eine andere Aufsichtsperson beaufsichtigt werden, oder ist die Aufsicht nach den einschlägigen Unfallverhütungsvorschriften notwendig, so gilt Absatz 1 entsprechend.

(3) Dem Auftraggeber ist die Ausführung von Stundenlohnarbeiten vor Beginn anzuzeigen. Über die geleisteten Arbeitsstunden und den dabei erforderlichen, besonders zu vergütenden Aufwand für den Verbrauch von Stoffen, für Vorhaltung von Einrichtungen, Geräten, Maschinen und maschinellen Anlagen, für Frachten, Fuhr- und Ladeleistungen sowie etwaige Sonderkosten sind, wenn nichts anderes vereinbart ist, je nach der Verkehrssitte werktäglich oder wöchentlich Listen (Stundenlohnzettel) einzureichen. Der Auftraggeber hat die von ihm bescheinigten Stundenlohnzettel unverzüglich, spätestens jedoch innerhalb von 6 Werktagen nach Zugang, zurückzugeben. Dabei kann er Einwendungen auf den Stundenlohnzetteln oder gesondert schriftlich erheben. Nicht fristgemäß zurückgegebene Stundenlohnzettel gelten als anerkannt.

(4) Stundenlohnrechnungen sind alsbald nach Abschluss der Stundenlohnarbeiten, längstens jedoch in Abständen von 4 Wochen, einzureichen. Für die Zahlung gilt § 16.

(5) Wenn Stundenlohnarbeiten zwar vereinbart waren, über den Umfang der Stundenlohnleistungen aber mangels rechtzeitiger Vorlage der Stundenlohnzettel Zweifel bestehen, so kann der Auftraggeber verlangen, dass für die nachweisbar ausgeführten Leistungen eine Vergütung vereinbart wird, die nach Maßgabe von

Absatz 1 Nummer 2 für einen wirtschaftlich vertretbaren Aufwand an Arbeitszeit und Verbrauch von Stoffen, für Vorhaltung von Einrichtungen, Geräten, Maschinen und maschinellen Anlagen, für Frachten, Fuhr- und Ladeleistungen sowie etwaige Sonderkosten ermittelt wird.

§ 16 Zahlung

(1) 1. Abschlagszahlungen sind auf Antrag in möglichst kurzen Zeitabständen oder zu den vereinbarten Zeitpunkten zu gewähren, und zwar in Höhe des Wertes der jeweils nachgewiesenen vertragsgemäßen Leistungen einschließlich des ausgewiesenen, darauf entfallenden Umsatzsteuerbetrages. Die Leistungen sind durch eine prüfbare Aufstellung nachzuweisen, die eine rasche und sichere Beurteilung der Leistungen ermöglichen muss. Als Leistungen gelten hierbei auch die für die geforderte Leistung eigens angefertigten und bereitgestellten Bauteile sowie die auf der Baustelle angelieferten Stoffe und Bauteile, wenn dem Auftraggeber nach seiner Wahl das Eigentum an ihnen übertragen ist oder entsprechende Sicherheit gegeben wird.

2. Gegenforderungen können einbehalten werden. Andere Einbehalte sind nur in den im Vertrag und in den gesetzlichen Bestimmungen vorgesehenen Fällen zulässig.
3. Ansprüche auf Abschlagszahlungen werden binnen 21 Tagen nach Zugang der Aufstellung fällig.
4. Die Abschlagszahlungen sind ohne Einfluss auf die Haftung des Auftragnehmers; sie gelten nicht als Abnahme von Teilen der Leistung.

(2) 1. Vorauszahlungen können auch nach Vertragsabschluss vereinbart werden; hierfür ist auf Verlangen des Auftraggebers ausreichende Sicherheit zu leisten. Diese Vorauszahlungen sind, sofern nichts anderes vereinbart wird, mit 3 v. H. über dem Basiszinssatz des § 247 BGB zu verzinsen.

2. Vorauszahlungen sind auf die nächstfälligen Zahlungen anzurechnen, soweit damit Leistungen abzugelten sind, für welche die Vorauszahlungen gewährt worden sind.

(3) 1. Der Anspruch auf Schlusszahlung wird alsbald nach Prüfung und Feststellung fällig, spätestens innerhalb von 30 Tagen nach Zugang der Schlussrechnung. Die Frist verlängert sich auf höchstens 60 Tage, wenn sie aufgrund der besonderen Natur oder Merkmale der Vereinbarung sachlich gerechtfertigt ist und ausdrücklich vereinbart wurde. Werden Einwendungen gegen die Prüfbarkeit unter Angabe der Gründe nicht bis zum Ablauf der jeweiligen Frist erhoben, kann der Auftraggeber

sich nicht mehr auf die fehlende Prüfbarkeit berufen. Die Prüfung der Schlussrechnung ist nach Möglichkeit zu beschleunigen. Verzögert sie sich, so ist das unbestrittene Guthaben als Abschlagszahlung sofort zu zahlen.

2. Die vorbehaltlose Annahme der Schlusszahlung schließt Nachforderungen aus, wenn der Auftragnehmer über die Schlusszahlung schriftlich unterrichtet und auf die Ausschlusswirkung hingewiesen wurde.
3. Einer Schlusszahlung steht es gleich, wenn der Auftraggeber unter Hinweis auf geleistete Zahlungen weitere Zahlungen endgültig und schriftlich ablehnt.
4. Auch früher gestellte, aber unerledigte Forderungen werden ausgeschlossen, wenn sie nicht nochmals vorbehalten werden.
5. Ein Vorbehalt ist innerhalb von 28 Tagen nach Zugang der Mitteilung nach den Nummern 2 und 3 über die Schlusszahlung zu erklären. Er wird hinfällig, wenn nicht innerhalb von weiteren 28 Tagen – beginnend am Tag nach Ablauf der in Satz 1 genannten 28 Tage – eine prüfbare Rechnung über die vorbehaltenen Forderungen eingereicht oder, wenn das nicht möglich ist, der Vorbehalt eingehend begründet wird.
6. Die Ausschlussfristen gelten nicht für ein Verlangen nach Richtigstellung der Schlussrechnung und -zahlung wegen Aufmaß-, Rechen- und Übertragungsfehlern.

(4) In sich abgeschlossene Teile der Leistung können nach Teilabnahme ohne Rücksicht auf die Vollendung der übrigen Leistungen endgültig festgestellt und bezahlt werden.

(5) 1. Alle Zahlungen sind aufs Äußerste zu beschleunigen.
2. Nicht vereinbarte Skontoabzüge sind unzulässig.
3. Zahlt der Auftraggeber bei Fälligkeit nicht, so kann ihm der Auftragnehmer eine angemessene Nachfrist setzen. Zahlt er auch innerhalb der Nachfrist nicht, so hat der Auftragnehmer vom Ende der Nachfrist an Anspruch auf Zinsen in Höhe der in § 288 Absatz 2 BGB angegebenen Zinssätze, wenn er nicht einen höheren Verzugsschaden nachweist. Der Auftraggeber kommt jedoch, ohne dass es einer Nachfristsetzung bedarf, spätestens 30 Tage nach Zugang der Rechnung oder der Aufstellung bei Abschlagszahlungen in Zahlungsverzug, wenn der Auftragnehmer seine vertraglichen und gesetzlichen Verpflichtungen erfüllt und den fälligen Entgeltbetrag nicht rechtzeitig erhalten hat, es sei denn, der Auftraggeber ist für den Zahlungsverzug nicht verantwortlich. Die Frist verlängert sich auf höchstens 60 Tage, wenn sie

aufgrund der besonderen Natur oder Merkmale der Vereinbarung sachlich gerechtfertigt ist und ausdrücklich vereinbart wurde.

4. Der Auftragnehmer darf die Arbeiten bei Zahlungsverzug bis zur Zahlung einstellen, sofern eine dem Auftraggeber zuvor gesetzte angemessene Frist erfolglos verstrichen ist.

(6) Der Auftraggeber ist berechtigt, zur Erfüllung seiner Verpflichtungen aus den Absätzen 1 bis 5 Zahlungen an Gläubiger des Auftragnehmers zu leisten, soweit sie an der Ausführung der vertraglichen Leistung des Auftragnehmers aufgrund eines mit diesem abgeschlossenen Dienst- oder Werkvertrags beteiligt sind, wegen Zahlungsverzugs des Auftragnehmers die Fortsetzung ihrer Leistung zu Recht verweigern und die Direktzahlung die Fortsetzung der Leistung sicherstellen soll. Der Auftragnehmer ist verpflichtet, sich auf Verlangen des Auftraggebers innerhalb einer von diesem gesetzten Frist darüber zu erklären, ob und inwieweit er die Forderungen seiner Gläubiger anerkennt; wird diese Erklärung nicht rechtzeitig abgegeben, so gelten die Voraussetzungen für die Direktzahlung als anerkannt.

§ 17 Sicherheitsleistung

(1) 1. Wenn Sicherheitsleistung vereinbart ist, gelten die §§ 232 bis 240 BGB, soweit sich aus den nachstehenden Bestimmungen nichts anderes ergibt.

2. Die Sicherheit dient dazu, die vertragsgemäße Ausführung der Leistung und die Mängelansprüche sicherzustellen.

(2) Wenn im Vertrag nichts anderes vereinbart ist, kann Sicherheit durch Einbehalt oder Hinterlegung von Geld oder durch Bürgschaft eines Kreditinstituts oder Kreditversicherers geleistet werden, sofern das Kreditinstitut oder der Kreditversicherer

1. in der Europäischen Gemeinschaft oder
2. in einem Staat der Vertragsparteien des Abkommens über den Europäischen Wirtschaftsraum oder
3. in einem Staat der Vertragsparteien des WTO-Übereinkommens über das öffentliche Beschaffungswesen

zugelassen ist.

(3) Der Auftragnehmer hat die Wahl unter den verschiedenen Arten der Sicherheit; er kann eine Sicherheit durch eine andere ersetzen.

(4) Bei Sicherheitsleistung durch Bürgschaft ist Voraussetzung, dass der Auftraggeber den Bürgen als tauglich anerkannt hat. Die Bürgschaftserklärung

ist schriftlich unter Verzicht auf die Einrede der Vorausklage abzugeben (§ 771 BGB); sie darf nicht auf bestimmte Zeit begrenzt und muss nach Vorschrift des Auftraggebers ausgestellt sein. Der Auftraggeber kann als Sicherheit keine Bürgschaft fordern, die den Bürgen zur Zahlung auf erstes Anfordern verpflichtet.

(5) Wird Sicherheit durch Hinterlegung von Geld geleistet, so hat der Auftragnehmer den Betrag bei einem zu vereinbarenden Geldinstitut auf ein Sperrkonto einzuzahlen, über das beide nur gemeinsam verfügen können („Und-Konto"). Etwaige Zinsen stehen dem Auftragnehmer zu.

(6) 1. Soll der Auftraggeber vereinbarungsgemäß die Sicherheit in Teilbeträgen von seinen Zahlungen einbehalten, so darf er jeweils die Zahlung um höchstens 10 v. H. kürzen, bis die vereinbarte Sicherheitssumme erreicht ist. Sofern Rechnungen ohne Umsatzsteuer gemäß § 13 b UStG gestellt werden, bleibt die Umsatzsteuer bei der Berechnung des Sicherheitseinbehalts unberücksichtigt. Den jeweils einbehaltenen Betrag hat er dem Auftragnehmer mitzuteilen und binnen 18 Werktagen nach dieser Mitteilung auf ein Sperrkonto bei dem vereinbarten Geldinstitut einzuzahlen. Gleichzeitig muss er veranlassen, dass dieses Geldinstitut den Auftragnehmer von der Einzahlung des Sicherheitsbetrags benachrichtigt. Absatz 5 gilt entsprechend.

2. Bei kleineren oder kurzfristigen Aufträgen ist es zulässig, dass der Auftraggeber den einbehaltenen Sicherheitsbetrag erst bei der Schlusszahlung auf ein Sperrkonto einzahlt.
3. Zahlt der Auftraggeber den einbehaltenen Betrag nicht rechtzeitig ein, so kann ihm der Auftragnehmer hierfür eine angemessene Nachfrist setzen. Lässt der Auftraggeber auch diese verstreichen, so kann der Auftragnehmer die sofortige Auszahlung des einbehaltenen Betrags verlangen und braucht dann keine Sicherheit mehr zu leisten.
4. Öffentliche Auftraggeber sind berechtigt, den als Sicherheit einbehaltenen Betrag auf eigenes Verwahrgeldkonto zu nehmen; der Betrag wird nicht verzinst.

(7) Der Auftragnehmer hat die Sicherheit binnen 18 Werktagen nach Vertragsabschluss zu leisten, wenn nichts anderes vereinbart ist. Soweit er diese Verpflichtung nicht erfüllt hat, ist der Auftraggeber berechtigt, vom Guthaben des Auftragnehmers einen Betrag in Höhe der vereinbarten Sicherheit einzubehalten. Im Übrigen gelten die Absätze 5 und 6 außer Nummer 1 Satz 1 entsprechend.

(8) 1. Der Auftraggeber hat eine nicht verwertete Sicherheit für die Vertragserfüllung zum vereinbarten Zeitpunkt, spätestens nach Abnahme und Stellung der Sicherheit für Mängelansprüche zurückzugeben, es sei denn, dass Ansprüche des Auftraggebers, die nicht von der gestellten Sicherheit für Mängelansprüche umfasst sind, noch nicht erfüllt sind. Dann darf er für diese Vertragserfüllungsansprüche einen entsprechenden Teil der Sicherheit zurückhalten.

2. Der Auftraggeber hat eine nicht verwertete Sicherheit für Mängelansprüche nach Ablauf von 2 Jahren zurückzugeben, sofern kein anderer Rückgabezeitpunkt vereinbart worden ist. Soweit jedoch zu diesem Zeitpunkt seine geltend gemachten Ansprüche noch nicht erfüllt sind, darf er einen entsprechenden Teil der Sicherheit zurückhalten.

§ 18 Streitigkeiten

(1) Liegen die Voraussetzungen für eine Gerichtsstandvereinbarung nach § 38 Zivilprozessordnung vor, richtet sich der Gerichtsstand für Streitigkeiten aus dem Vertrag nach dem Sitz der für die Prozessvertretung des Auftraggebers zuständigen Stelle, wenn nichts anderes vereinbart ist. Sie ist dem Auftragnehmer auf Verlangen mitzuteilen.

(2) 1. Entstehen bei Verträgen mit Behörden Meinungsverschiedenheiten, so soll der Auftragnehmer zunächst die der auftraggebenden Stelle unmittelbar vorgesetzte Stelle anrufen. Diese soll dem Auftragnehmer Gelegenheit zur mündlichen Aussprache geben und ihn möglichst innerhalb von 2 Monaten nach der Anrufung schriftlich bescheiden und dabei auf die Rechtsfolgen des Satzes 3 hinweisen. Die Entscheidung gilt als anerkannt, wenn der Auftragnehmer nicht innerhalb von 3 Monaten nach Eingang des Bescheides schriftlich Einspruch beim Auftraggeber erhebt und dieser ihn auf die Ausschlussfrist hingewiesen hat.

2. Mit dem Eingang des schriftlichen Antrages auf Durchführung eines Verfahrens nach Nummer 1 wird die Verjährung des in diesem Antrag geltend gemachten Anspruchs gehemmt. Wollen Auftraggeber oder Auftragnehmer das Verfahren nicht weiter betreiben, teilen sie dies dem jeweils anderen Teil schriftlich mit. Die Hemmung endet 3 Monate nach Zugang des schriftlichen Bescheides oder der Mitteilung nach Satz 2.

(3) Daneben kann ein Verfahren zur Streitbeilegung vereinbart werden. Die Vereinbarung sollte mit Vertragsabschluss erfolgen.

(4) Bei Meinungsverschiedenheiten über die Eigenschaft von Stoffen und Bauteilen, für die allgemein gültige Prüfungsverfahren bestehen, und über die Zulässigkeit oder Zuverlässigkeit der bei der Prüfung verwendeten Maschinen oder angewendeten Prüfungsverfahren kann jede Vertragspartei nach vorheriger Benachrichtigung der anderen Vertragspartei die materialtechnische Untersuchung durch eine staatliche oder staatlich anerkannte Materialprüfungsstelle vornehmen lassen; deren Feststellungen sind verbindlich. Die Kosten trägt der unterliegende Teil.

(5) Streitfälle berechtigen den Auftragnehmer nicht, die Arbeiten einzustellen.

Made in United States
North Haven, CT
04 November 2026

21760259R00065